# 彈球競技賽

彈彈球競技大會即將開始！由萊萊鳥帶領的紅隊及熊貓蔡蔡帶領的白隊[illegible]已準備好的彈彈球[illegible]上一較高下！

## 彈彈球製作方法

**1** 先裝嵌模具。

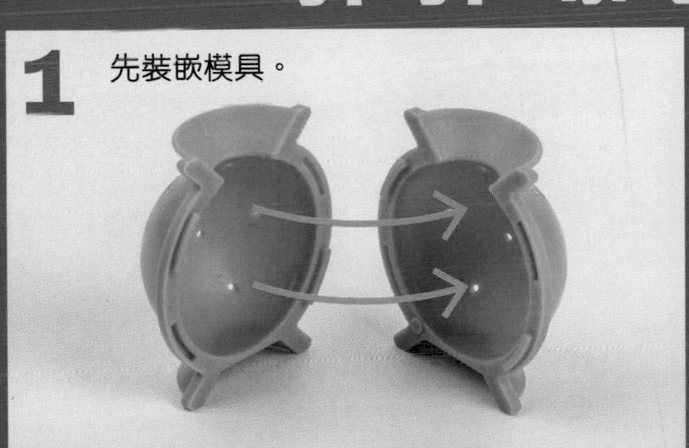

**2** 用顏色粉填滿模具內部。可任意配搭顏色粉，製成七彩繽紛的彈彈球！

**3** 將填滿的模具完全浸入清水中，等待 1 分鐘。

**4** 取出模具，放在抹手紙上 3 分鐘，然後再打開模具取出彈彈球！

# 彈彈球的製作原理

彈彈球的顏色粉末是一些稱為聚合物的科學物質。這些聚合物原本是一個個獨立分子，吸水後就會產生化學作用而連結起來，於是原本分散的粉末便黏起來了。

這些粉末為甚麼可變成彈彈球呢？

那是一種化學作用。

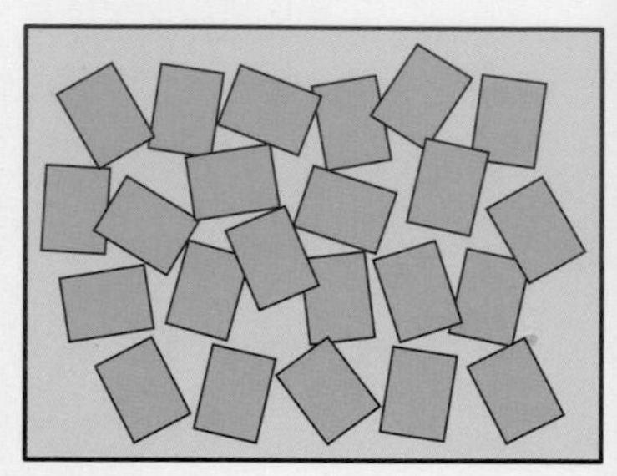

▲未加水之前，粉末粒子雖互相擠壓，但未黏在一起。

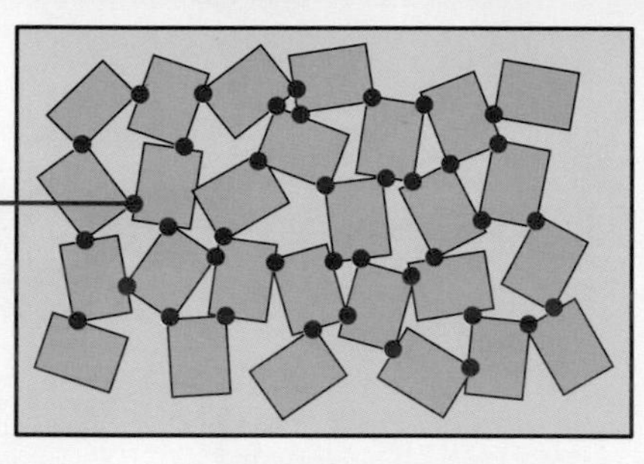

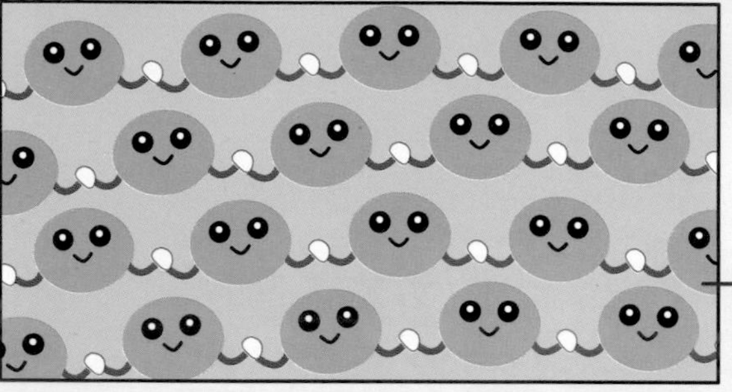

▲加水後，位於不同粉末粒子的聚合物分子產生化學作用而相連，使每粒粉末粒子黏起來。

# 彈彈球造型大賽

此外，粉末所吸收的水分亦有增塑劑的作用，令黏合起來的粉團保有彈性，而非像石頭般堅硬。

## 紅隊的彈彈球作品

▲將不同顏色的粉末逐一倒入，得到條紋效果。

▲每次加入不同顏色的粉末後，用牙簽輕輕拌勻，便可得到漸變效果。

## 白隊的彈彈球作品

先用粉末注滿六角球體的其中一個半球，加水使其凝固後取出。重複 2 次來製作 2 個半球。

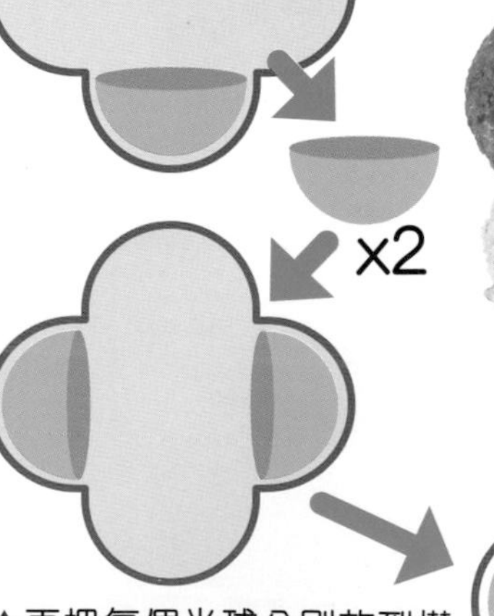

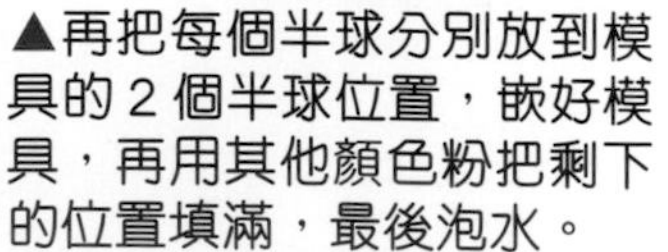

▲再把每個半球分別放到模具的 2 個半球位置，嵌好模具，再用其他顏色粉把剩下的位置填滿，最後泡水。

◀在將彈彈球粉末倒入球模前，先在模具內壁灑上閃粉。

還可嘗試加入其他成分，製成不同外觀的彈彈球！

真的有閃粉效果呢！

▼擂台另一邊的評判席

看來評判較喜歡白隊的彈彈球！

白隊先勝一局！

# 彈彈球過三關！

把9個相同大小的杯排成三行。兩隊用彈彈球輪流彈射，但不能直接把彈彈球拋到杯中。只要同一隊所擲出的彈彈球，成功彈入3個可連成一直線（打直、打斜或打橫）的杯中，便勝出比賽！

第二場比賽是大家非常熟悉的過三關！不過要用彈彈球來玩，一點也不容易啊！

## 已解的遊戲？

一般的過三關是一個結果可預知的遊戲，只要雙方都知道玩法，最終必定打和！不過加入彈彈球元素後，因可能會擲不進目標或擲錯目標，添加了不少隨機元素！

每個杯只可彈入一個彈彈球，將成功彈入了球的杯倒轉。

# 多邊形探究！

彈彈球的反彈方向不定，主要跟反彈時與地面的接觸點有關。因其形狀不同，球與地面的接觸點分佈亦有不同。

▼不論是以哪種姿態着地，圓球體彈彈球都只有一點接觸地面，因此其反彈方向是最容易預測得到的。不過，彈彈球本身有否旋轉、撞擊點的摩擦力等因素仍可能影響反彈方向。

▼六角球體的彈彈球着地時，可能會有一至三個接觸點，因此反彈的變化較大。

▼十八面體則可能會一點着地、其中一條邊着地，或是其中一個面着地，其反彈方向同樣難預測。

那我們儘量使用圓球體好了，因為較易彈入！

為甚麼我怎樣也擲不進杯內啊？

只看彈彈球軌跡的最高點就知道不可能投得進……

除了反彈方向，投擲的力度也會影響能否投進杯中！大家知道為甚麼頓牛的彈彈球擲不進紙杯呢？

# 彈彈球的能量轉移

地球上所有物質都具有能量。這些能量不會消失或被創造出來，但會由一種形式轉換成另一種。彈彈球被投擲出去後，也會發生不同的能量轉換。

②頓牛用他的能量把彈彈球向上擲出，那些能量先轉化為彈彈球的動能，然後不斷轉化成重力位能。

③動能最終完全耗光，彈彈球速度跌到0。此時彈彈球到達最高點，所擁有的重力位能最大。

①不論任何時候，重力位能總是儲存在物體中。那是一種未被釋放的能量，物體位置愈高，該能量便愈大。

④彈彈球開始往下掉，而且愈來愈快。此時，重力位能不斷轉化為動能。

## 反彈的必要元素：彈性位能

不過，部分能量會轉成不能保存的熱能及聲能，所以反彈高度永遠都會比前一次的低。

彈彈球撞擊地面時，動能會急劇換成其他能量。由於球能變形，所以大部分動能可轉換成彈性位能而被保存下來。那些彈性位能稍後再轉回動能，令彈彈球能夠大幅度反彈。

▶彈彈球的水分會隨時間蒸發，乾透後便失去彈性。此時彈彈球撞擊地面時的變形幅度極小，因此能量無法以彈性位能的形式保存下來，於是難以反彈。

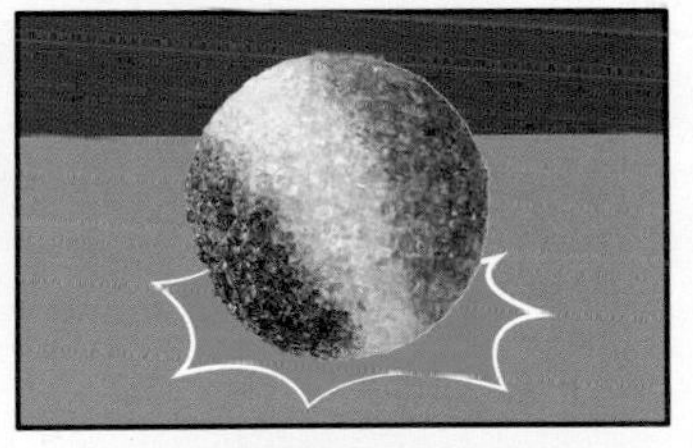

只剩最後一個杯了！到底誰會先擲中呢？

咚！
擲中的是……

紅隊！

一比一打成平手，那就以
最後一個遊戲決勝負！

# 保齡球大混戰

準備6個汽水罐，分成2組，每組3個。每組都貼上同一顏色貼紙作記認，然後一字排開。兩隊各選其中一種顏色，並輪流用彈彈球彈射，把相應顏色的汽水罐撞倒，先把3個己方顏色汽水罐撞倒的就算勝出！

# 多邊形彈彈球的表面圖形

十八面體共有18個面，不過那並非每個面都是形狀相同的多邊形，而是由長方形及三角形組成。

早知就不弄多
邊形彈彈球了。

事實上，多邊形立體的面可以是4個或以上。不過若要造出每個面都一模一樣的多邊形立體，那就只有5種可能！

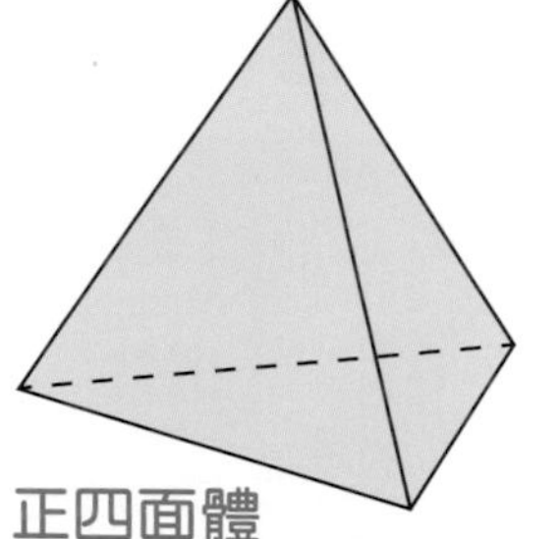

正四面體
（相等於一個四面都是等邊三角形的三角錐體）

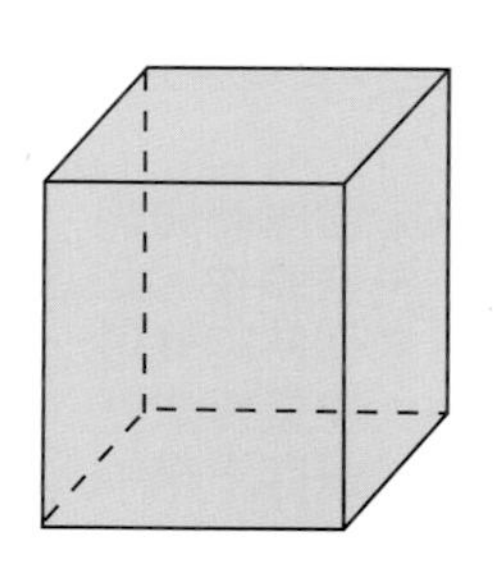

正六面體
（即正方體）

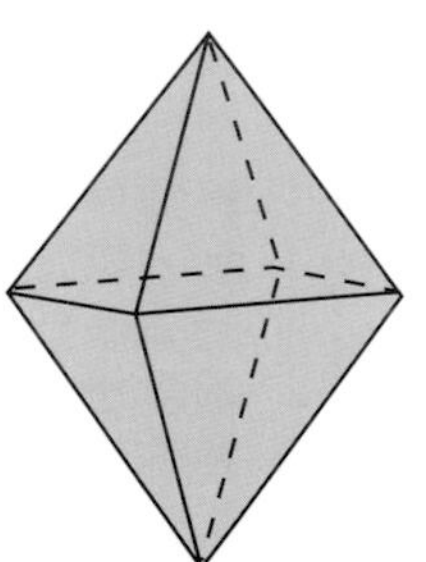

正八面體

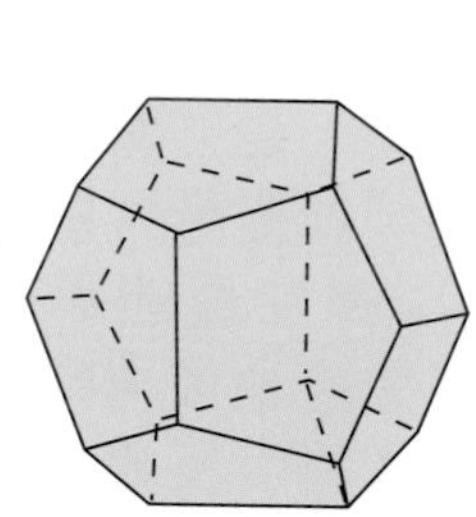

正十二面體

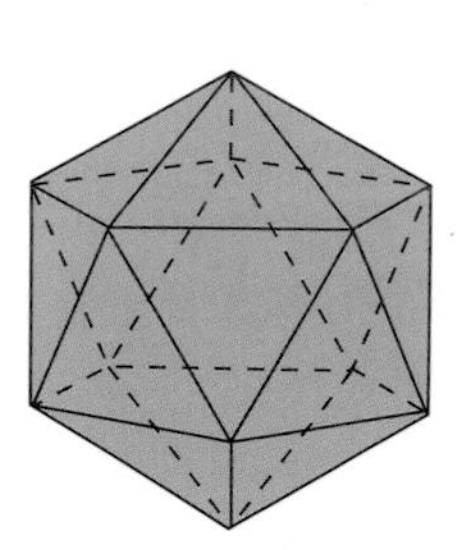

正二十面體

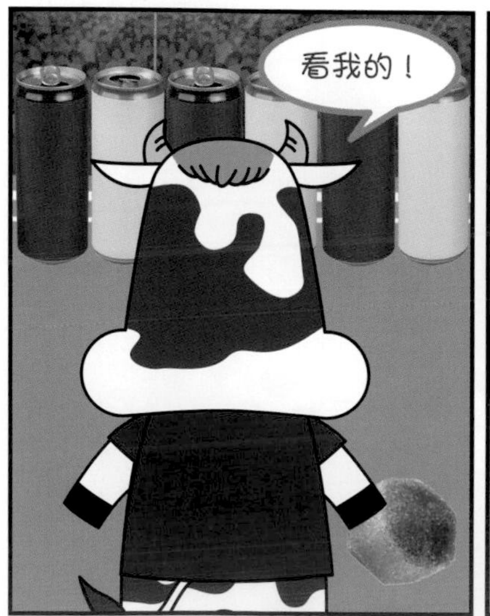
看我的！

3、2、1！

!?
咦？彈不了？
咚！

# 後記：日常中的多邊形

## 圓柱體

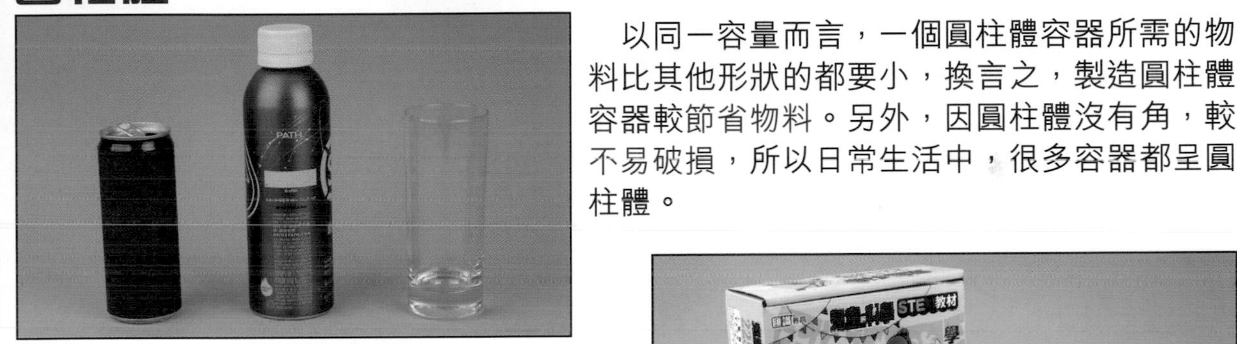


以同一容量而言，一個圓柱體容器所需的物料比其他形狀的都要小，換言之，製造圓柱體容器較節省物料。另外，因圓柱體沒有角，較不易破損，所以日常生活中，很多容器都呈圓柱體。

▲例子：玻璃杯、膠樽、汽水罐

## 長方體

正方體容器可緊密地擺放，彼此間沒有空隙，因此能節省擺放的空間，不過角落較易因碰撞而磨損。

▶例子：紙皮箱、調味料包裝盒

## 三角形

三角形是最穩定的圖形。因為只要確定三條邊的長度，整個三角形的形狀和大小就已固定，不能變形，因此結構非常穩固。

▲例子：橋樑的三角形鋼架結構

## 平行四邊形

與三角形剛好相反，平行四邊形具有不穩定性。透過改變其夾角大小，就能形成無數個邊長相同而夾角不同的平行四邊形，可見其形狀、大小並不固定。

▲例子：油壓升降台

Photo credit: "Creating Birds on a Scissor Lift" by Michael Coghlan/CC BY-SA 2.0 DEED
https://www.flickr.com/photos/mikecogh/34547113856

海豚哥哥
自然教室
範疇：生命與環境
動物
環保生態協會
Eco Association
對，我們可是
大自然的清道夫呢！
這種鳥以吃動物屍體為生，
但也是為平衡自然生態而努力，
各位讀者別怕牠們啊！
© 海豚哥哥 Thomas Tue


# 紅頭美洲鷲

**紅頭美洲鷲 (Turkey Vulture，學名：*Cathartes aura*) 也稱火雞禿鷹，是美洲鷲科大型猛禽之一。牠們有紅色的禿頭，與雄性野生火雞相似，羽毛主要呈黑色和深褐色，翅膀下面則呈淺灰色。其身長可達 0.8 米，雙翼展開可達 1.8 米，體重可達 2.3 公斤。**

**牠們喜歡在遼闊的郊野、叢林和草原棲息，主要分佈在加拿大南部、美國至南美洲等地，壽命估計可達 16 歲。**

▶紅頭美洲鷲的鼻孔很大，嗅覺發達，配合良好視力，以便找出遠處的動物屍體。牠們進食時會將頭伸進屍體內，用其尖銳而呈鈎狀的喙有效撕下腐肉，至於禿頭則有助減少沾染腐肉上的細菌。

▲牠們胃中的抗體與微生物也能抵禦屍體上的危險病原體，免受其侵害。

▼牠們棲息時會以水平姿勢張開翅膀在陽光下取暖，以及曬乾因下雨而被沾濕的羽毛。

想觀看紅頭美洲鷲的精彩片段，請瀏覽以下網址：youtube.com/@mr-dolphin

海豚哥哥 Thomas Tue

**海豚哥哥簡介**

自小喜愛大自然，於加拿大成長，曾穿越洛磯山脈深入岩洞和北極探險。從事環保教育超過 20 年，現任環保生態協會總幹事，致力保護中華白海豚，以提高自然保育意識為己任。

兒科村 S 區是有名的陀螺區，生活在此處的人都熱愛陀螺設計、組裝與對戰，而其中最知名的人就是陀螺組裝大師愛因獅子。某日，他如往常一樣收到大量陀螺組裝的訂單。

範疇：物質、能量和變化

# 陀螺組裝師

正文社 YouTube 頻道

掃一掃在正文社 YouTube 頻道搜索「陀螺組裝師」觀看組裝過程！

製作時間：約 4 小時
製作難度：★★★★★

# 製作方法

⚠請在家長陪同下使用刀具及尖銳物品。

材料：紙盒、樽蓋、竹籤　　工具：剪刀、美工刀、白膠漿、萬用膠、大頭釘、鉛筆

1 在家長幫助下，用大頭釘戳穿樽蓋中間位置。

推薦使用質地較軟的樽蓋，以便戳穿。

2 用美工刀慢慢旋轉以拓寬洞口。

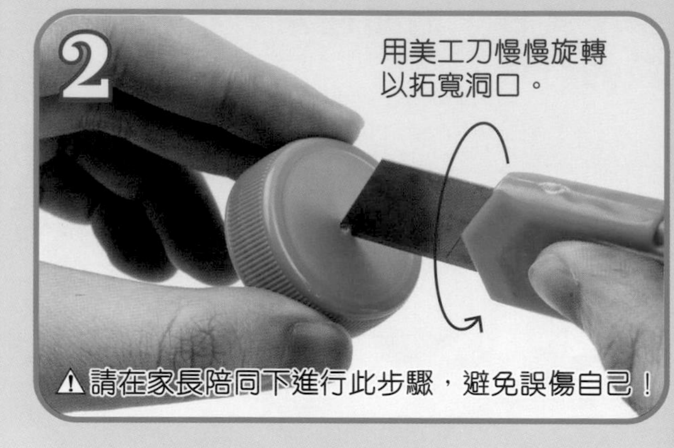

⚠請在家長陪同下進行此步驟，避免誤傷自己！

3 在洞口處穿過竹籤或用完的中性筆筆芯，製作陀螺的中軸。

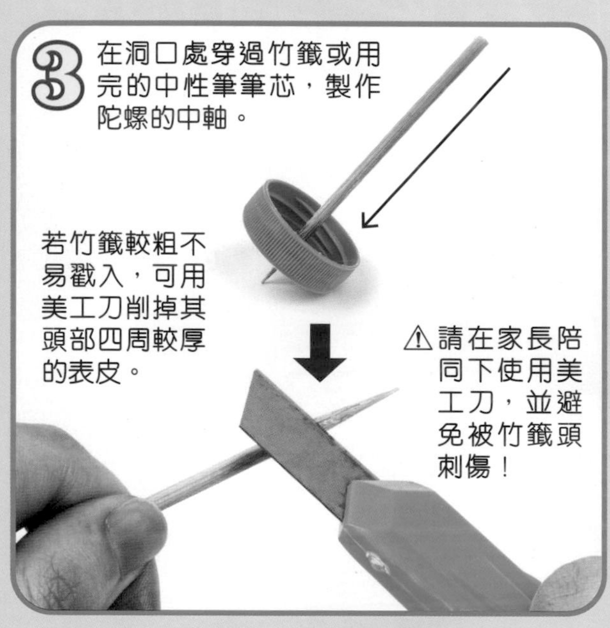

若竹籤較粗不易戳入，可用美工刀削掉其頭部四周較厚的表皮。

⚠請在家長陪同下使用美工刀，並避免被竹籤頭刺傷！

4 剪下陀螺紙樣後放在紙盒的紙板上，沿着邊緣畫出 2 個組件輪廓並剪下。

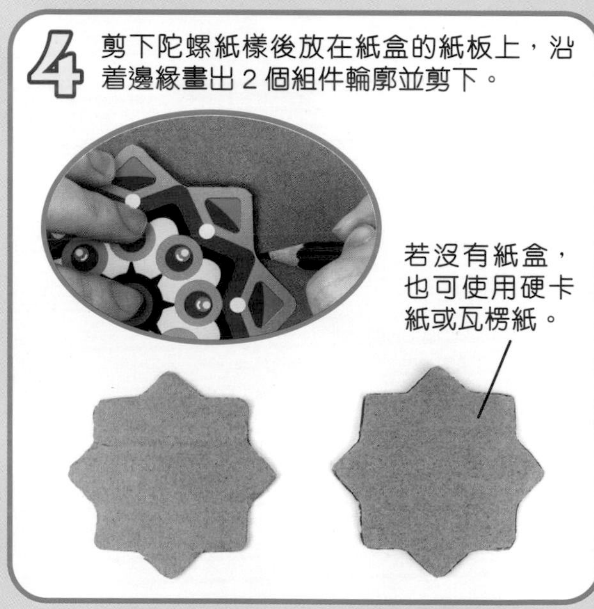

若沒有紙盒，也可使用硬卡紙或瓦楞紙。

5

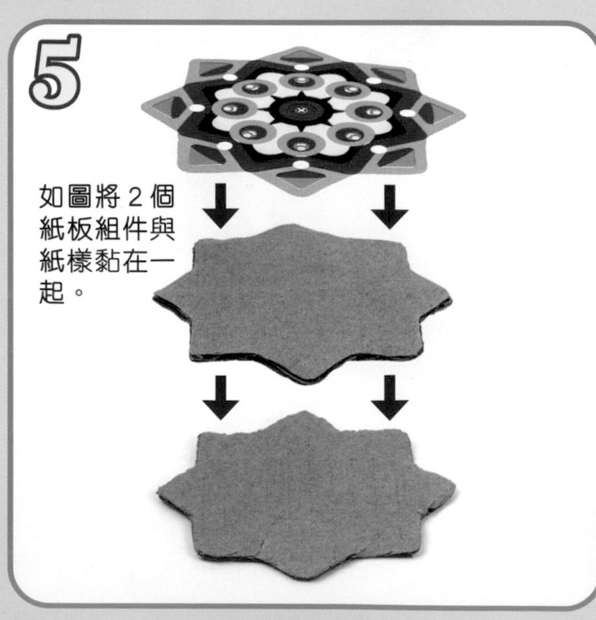

如圖將 2 個紙板組件與紙樣黏在一起。

6

▶將大頭釘在不同組件中心戳孔，並用竹籤拓寬洞口。

▼可輕輕晃動並旋轉竹籤，以更易拓寬洞口。

# 不同款式的陀螺組裝

我想要精緻小巧的。
沒問題！

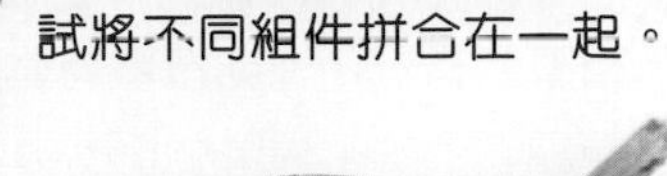

試將不同組件拼合在一起。

可在不同組件間黏上萬用膠，使陀螺整體更牢固。

這款陀螺是根據你的羽翼外形而特別製作的。

哇哦！

我要一個攻擊力超強的！

這款兼具帥氣的造型和強力的攻擊性。

完成！用對戰來試試它的性能吧。

# 玩法一：陀螺持久戰

我的陀螺輕便小巧，一定轉得更久！
規則：各選手同時轉動自己組裝的陀螺，在不相撞的情況下，能持續轉動最久的獲勝。
我的更穩固，一定比你久！

# 玩法二：爆旋激戰

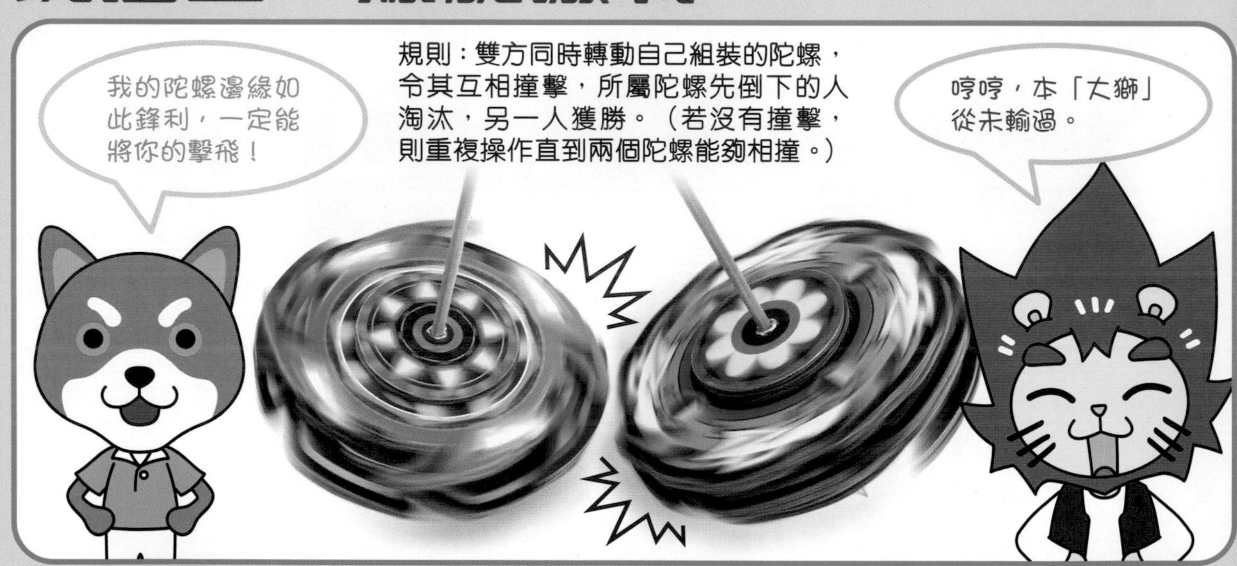

我的陀螺邊緣如此鋒利，一定能將你的擊飛！
規則：雙方同時轉動自己組裝的陀螺，令其互相撞擊，所屬陀螺先倒下的人淘汰，另一人獲勝。（若沒有撞擊，則重複操作直到兩個陀螺能夠相撞。）
哼哼，本「大獅」從未輸過。

# 影響陀螺轉動的因素——角動量

這可說是物體維持旋轉狀態的慣性，且受物體的質量、半徑以及轉動速度影響。理論上說，此三個影響因素的數值越大，陀螺的角動量就越大，陀螺越容易維持旋轉。

▶此外，陀螺的重心越低、陀尖與旋轉平面的摩擦力越小，也使陀螺轉動得越持久。

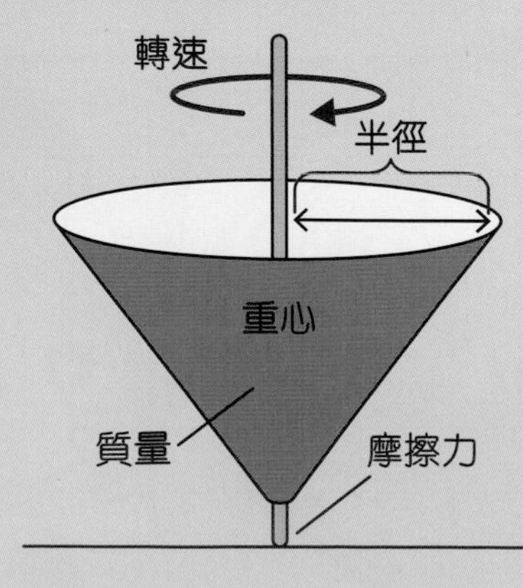

# 紙樣

黏合處

沿實線剪下

組件 1

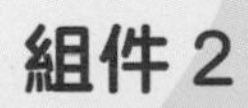

組件 3

組件 4

組件 5

組件 6
組件 11
組件 7
組件 10
組件 8
組件 9

範疇：物質、
能量和變化

亞龜老師要搬家，於是找來伏特犬和瓦特犬幫他搬東西。正當他們在地下室清點需要搬運的物件時，找到一個古老大鐘。

正文社 YouTube 頻道

掃一掃在正文社 YouTube 頻道搜索「#227 古老大鐘搬家之旅」觀看過程！

這個鐘好舊啊。

第一次看到老爺鐘呢。

我沒用這個鐘很久了，不知道還能不能用？

# 古老大鐘搬家之旅

為甚麼這個鐘下方的櫃裏吊着一塊圓形金屬？

這是鐘擺，可左右擺動，用來計時的啊。

鐘擺左右擺動一次，就稱作一個「週期」，擺動得愈快，該「週期」的時間就愈短。而週期的長度就是計時的關鍵，接下來就實驗看看怎樣可影響鐘擺的週期吧！

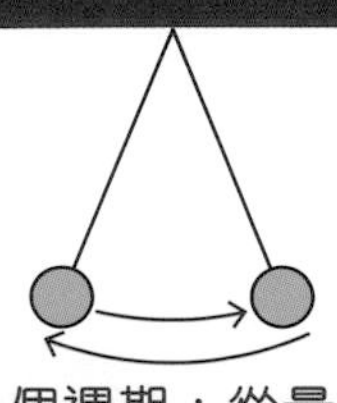

一個週期：從最左邊擺到最右邊，然後擺回最左邊。

# 簡易鐘擺製作

⚠請在家長陪同下使用刀具及尖銳物品。

材料：繩、波子、膠紙　　工具：剪刀、衣夾或魚尾夾、間尺、計時器

1 剪 1 條長 120 厘米的長繩，用膠紙將其末端貼在一粒波子的表面。

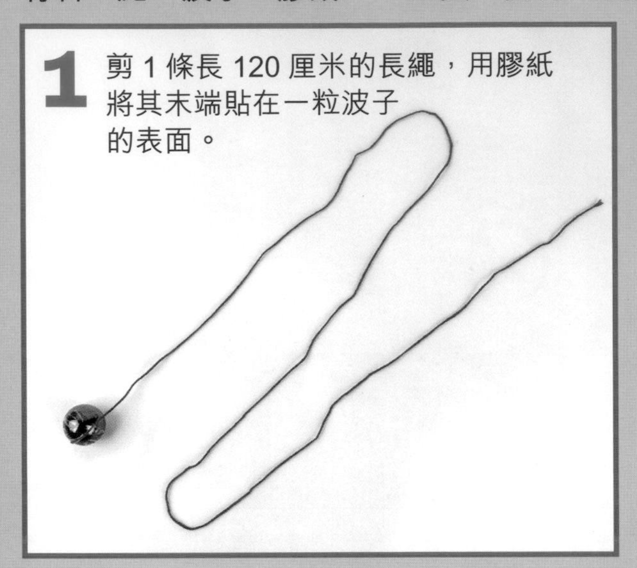

2 任意將繩的中段夾在鐵尺的末端。

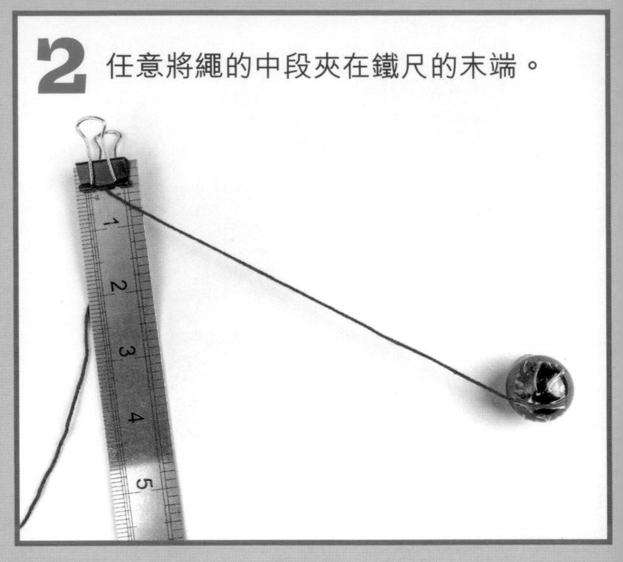

3 找一處枱邊或櫃邊放置那把伸出來的鐵尺，用重物壓住固定。然後量度支點及波子的距離。

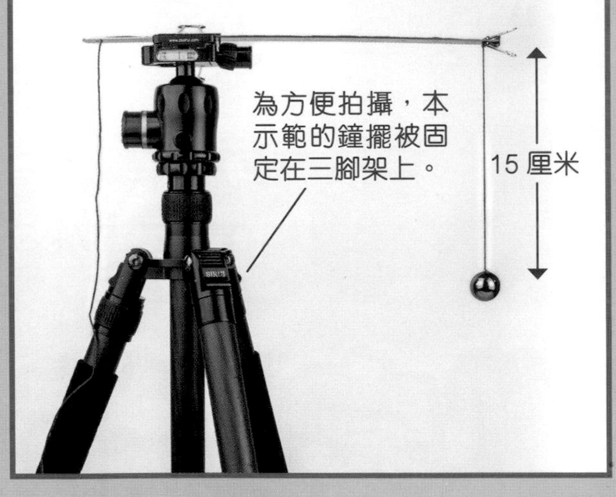

為方便拍攝，本示範的鐘擺被固定在三腳架上。
15 厘米

4 用計時工具量度鐘擺左右擺動 30 次所需的時間。

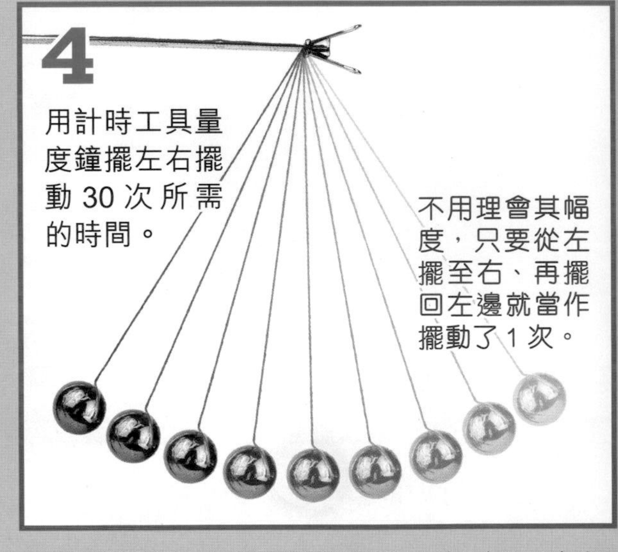

不用理會其幅度，只要從左擺至右、再擺回左邊就當作擺動了 1 次。

如懂小數除法，亦可計算擺動 1 次（即 1 個週期）要多久。

編輯部實驗所得的結果：
支點及波子的距離 =15 厘米
左右擺動 30 次所需的時間 =24 秒
週期 =24÷30
=0.8 秒

你的結果：
支點及波子的距離 =　　厘米
左右擺動 30 次所需的時間 =　　秒
週期 =　　÷30
=　　秒

那跟計時有甚麼關係呢？

鐘擺連接着時鐘內的機械，控制秒針的轉動速度，所以老爺鐘的鐘擺週期通常都是 1 秒或 2 秒，視乎設計而定。

## 重量的影響

在繩索保持同一長度下，嘗試用較輕或較重的物件取代波子，看看擺動速度有何變化！

繩索長度：15 厘米
左右擺動 30 次所需時間
=24 秒

其實重量也有點影響，因愈輕的物件受到的空氣阻力愈大，擺動時間會變長，不過只要物件不是太輕，其影響是不大的。

## 擺幅的影響

在鐘擺同一長度下，提高波子的起始位置，使其擺動幅度增加，又能否改變擺動速度呢？

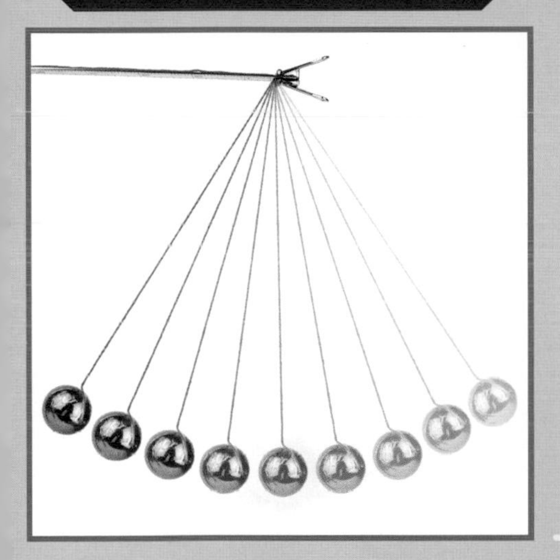

繩索長度：15 厘米
左右擺動 30 次所需時間
=24 秒

擺動幅度太大的鐘擺，擺動週期大概還是一樣的。不過它的擺動很易變成「打圈」，而非來回擺動，因此跟計算出來的週期誤差較大。

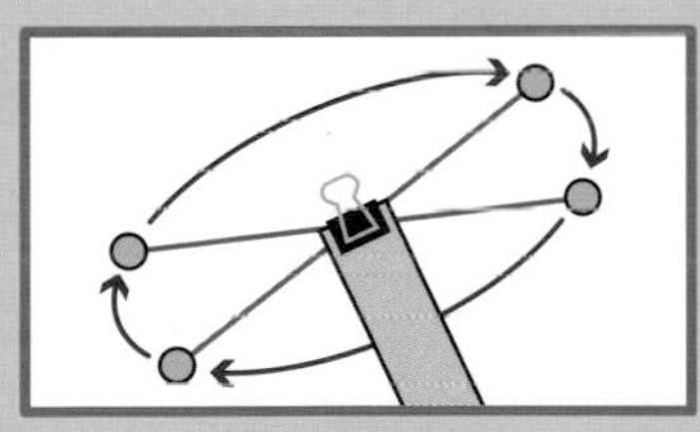

## 長度的影響

將鐘擺的長度由 15 厘米加長至 30 厘米，又會有何變化呢？

繩索長度：30 厘米
左右擺動 30 次所需時間
=33 秒

鐘擺的週期與其長度有關。愈長的鐘擺，擺動時間就愈長。順帶一提，有些老爺鐘使用「半秒鐘擺」，即來回擺動一次需時 1 秒，其長度大約是 24.8 厘米；有些則使用「一秒鐘擺」，即來回擺動一次要 2 秒的，其長度是 99.8 厘米！

# 不旋轉的鐘擺

⚠請在家長陪同下使用刀具及尖銳物品。

材料：2 個高度相同的水樽、塑膠板或硬紙板、竹簽、魚尾夾、萬用貼、繩索
工具：剪刀

鐘擺還有個有趣的特性呢！

**1** 如圖在一塊塑膠板上，用 2 個水樽、1 枝竹簽、萬用貼、夾、繩及波子架起一個鐘擺。

在水樽注一半的水來增加穩定性。

**2** 使鐘擺左右擺動。

**3** 慢慢旋轉塑膠板。

旋轉後，鐘擺仍大致維持同樣的方向左右擺動！

# 鐘擺揭露地球自轉？

鐘擺的左右擺動全因地心吸力及繩索的拉力所致，其活動面是固定的。簡單來說，它總是在用一個面上保持前後擺動。

鐘擺的活動面是一個想像出來的垂直面，若從正上方看，重物只會沿着這垂直面前後移動。

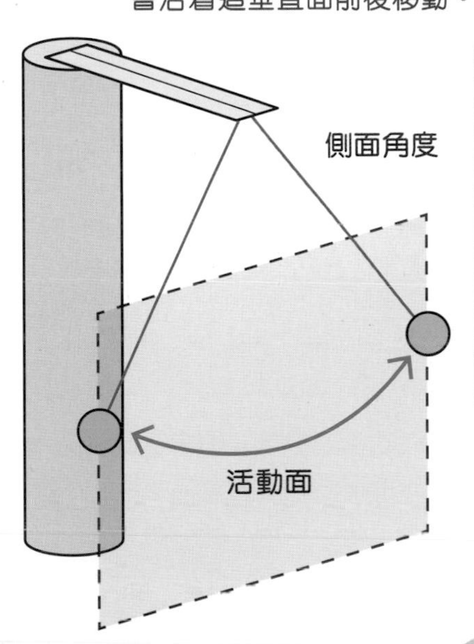


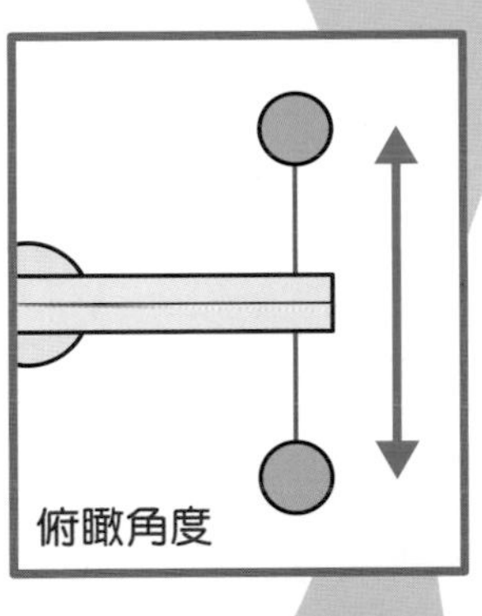


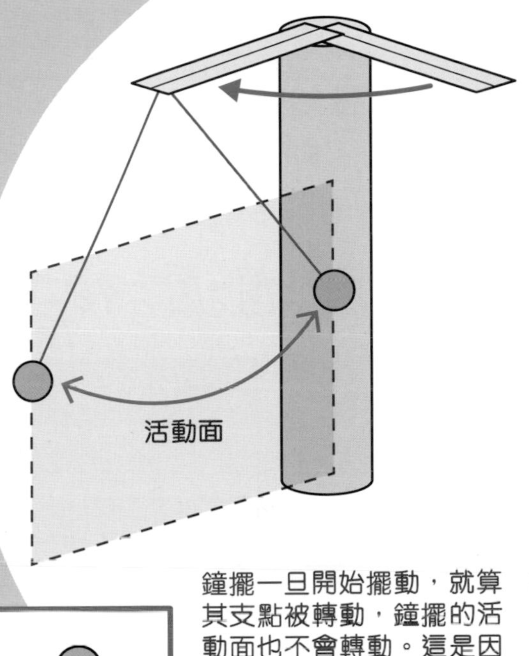


鐘擺一旦開始擺動，就算其支點被轉動，鐘擺的活動面也不會轉動。這是因為鐘擺受到的重力及繩索的拉力，並不會因支點轉動而有所改變。

Photo by Karen Green/CC BY-SA 2.0

◀傅科擺是一個繩索長達數層、垂吊物重量達數十公斤的鐘擺，這種鐘擺是證明地球自轉的首個直接證據。

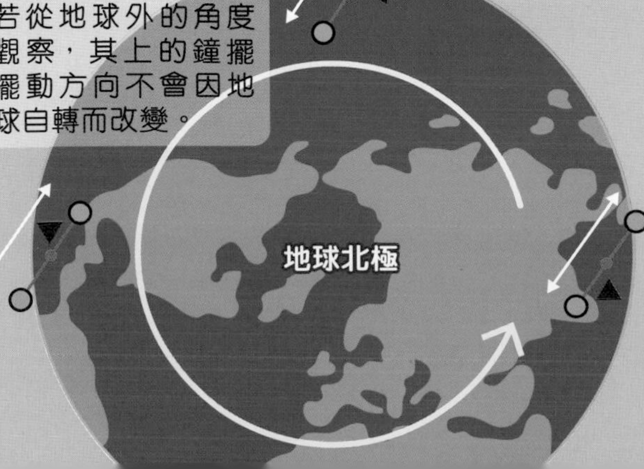


▼塑膠板的自轉就是模擬地球的自轉，若從地球外的角度觀察，其上的鐘擺擺動方向不會因地球自轉而改變。

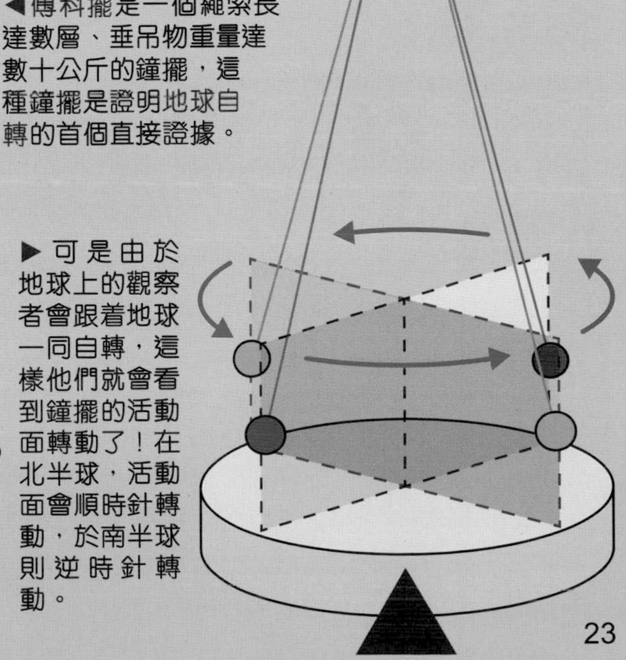

▶可是由於地球上的觀察者會跟着地球一同自轉，這樣他們就會看到鐘擺的活動面轉動了！在北半球，活動面會順時針轉動，於南半球則逆時針轉動。

大家有用第 225 期的「迴轉投石器」勤力練習投石技巧嗎？

## 盧司保

*給編輯部的話

本期介紹了「合24」的玩法，那「合48」又怎樣呢？

(10+2)×8÷2=48

希望刊登
支持CS!

太厲害了，不如把我的《合 24 數學題大全》送給你吧！

## 吳家瑜

*給編輯部的話 在這幾集裏，小兔子和愛麗絲都在吵架，不過看來其實他們感情很好～

好～

兇～

請評分
(1-100)

是啊，打打鬧鬧但又互相陪伴的才是好朋友呢。觀察力不錯，給你 100 分吧！

## 黃芷晴

肥嘟嘟的我很可愛啊，當然是 10分！

## 鮑愷俊

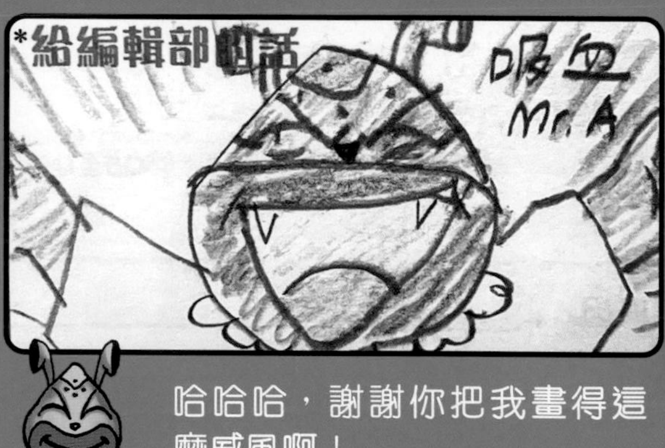


哈哈哈，謝謝你把我畫得這麼威風啊！

## 電子信箱問卷

今期的內容十分有趣，令我學習到很多跟槓桿原理有關的知識。兒科加油！ —— 黃安瑜

希望可以每半個月出一次兒童的科學。 —— 黃柏騫

感激你們多年來用心努力製作每期兒童的科學，讓香港小朋友能看到優質本地雜誌。 —— 彭樂睿

我很喜歡科學 Q&A ！很搞笑又教我們知識！ —— 趙晨燁

大偵探
福爾摩斯
SHERLOCK HOLMES
科學鬥智短篇60
猩仔神探(2)
厲河=小說 陳秉坤=繪
陳沃龍、徐國聲=着色


**福爾摩斯** 精於觀察分析，曾習拳術，是倫敦最著名的私家偵探。

**華生** 曾是軍醫，樂於助人，是福爾摩斯查案的最佳拍檔。

**上回提要：**

一日，猩仔拉夏洛克去找富家子朋友小象，準備討些令他念念不忘的瑞士巧克力來吃。然而，當兩人去到時，卻從小象的母親艾萊夫人、高個子管家、矮個子園丁和胖女傭的口中得悉，小象在書房中人間蒸發，失去了蹤影。猩仔自告奮勇展開調查，他從書房窗框上的鞋印、床下的一隻皮鞋、小象寫的一張字條、尚未完成的一本數學習作、前院草地上的血跡、花圃下的另一隻皮鞋，和從花梗上撿下的一條白色棉絮，推論出小象在晚上剛想就寢時被綁匪擄走。及後，他更偷偷折下一根帶刺的花梗，並把艾萊夫人拉到一旁，湊到她的耳邊吐出一句……

「伯母，這個案子很快就破了。」

「甚麼？」艾萊夫人詫然。

「我已知道**綁匪**是誰了。」

夏洛克聽到猩仔那輕得幾乎聽不到的**斷言**，心中不禁大吃一驚，完全沒想到自己的小伙伴竟然這麼快就查出綁匪的身份。

「那麼……綁匪是？」艾萊夫人**戰戰兢兢**地問。

「嘿嘿嘿……」猩仔狡黠地一笑，把手上的鞋子扔到地上，壓低嗓子應道，「好戲馬上上演，伯母，你等着瞧吧。」

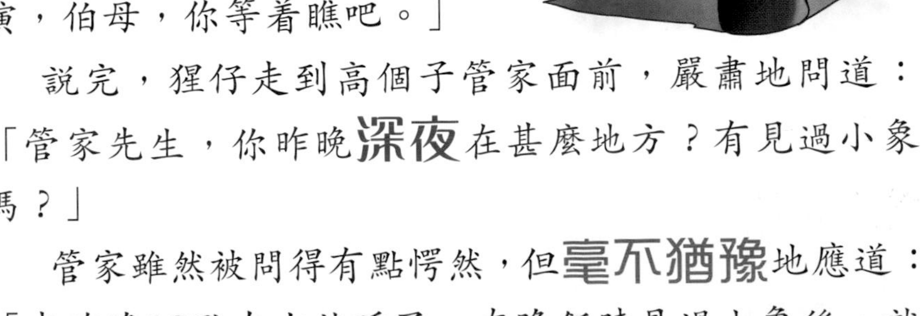

說完，猩仔走到高個子管家面前，嚴肅地問道：「管家先生，你昨晚**深夜**在甚麼地方？有見過小象嗎？」

管家雖然被問得有點愕然，但**毫不猶豫**地應道：「我昨晚10點左右就睡了，在晚飯時見過小象後，就沒有見過他。」

猩仔**裝模作樣**地點點頭，然後走到胖女傭的面前，問道：「那麼，你呢？你昨晚深夜在甚麼地方？有見過小象嗎？」

「我……我嗎？」胖女傭**神經兮兮**地回答，「我也是在晚飯時見過小象後，就沒有再見過他了。對了，我是在9點半左右就上床的。」

「是嗎？睡得很早呢。」猩仔以懷疑的眼神向胖女傭瞥了一眼後，走到矮個子園丁面前，只是默默地盯着對方，卻不說話。

「怎……怎麼了？」園丁被盯得有點**不知所措**，於是問道。

猩仔沉默片刻後，才問：「你呢？昨晚深夜在哪裏？有見過小象吧？」說完，他還悄悄地往下**瞄**了一眼。

夏洛克看在眼裏，卻不明白猩仔的用意。

「我……我……」園丁**戰戰兢兢**地說，「我自昨天下午起就沒見過小象，晚上大約10點半左右才睡。」

猩仔「**嗖**」的一下忽然轉過身去，背着園丁問：「真的？」

夏洛克眼尖，看到猩仔在轉身時，手上的**花梗**在園丁的褲子前一掠而過。

「真的。不過，我昨夜10點左右經過前院時，看到小象的書房仍亮着**燈**。」

「經過前院？那麼，你有走近**花圃**嗎？」

「花圃？」園丁緊張地吞了一口口水，才答道，「沒……沒有呀。我只是走過前院罷了，並沒有走近花圃那邊啊。」

「那麼，你看到小象在書房內嗎？」

「這……這個嘛……」園丁努力地回憶，「當時好像拉上了**窗簾**，沒看到書房裏有沒有人。」

「好像拉上了？」猩仔眉頭一皺，「究竟是拉上了，還是沒拉上？」

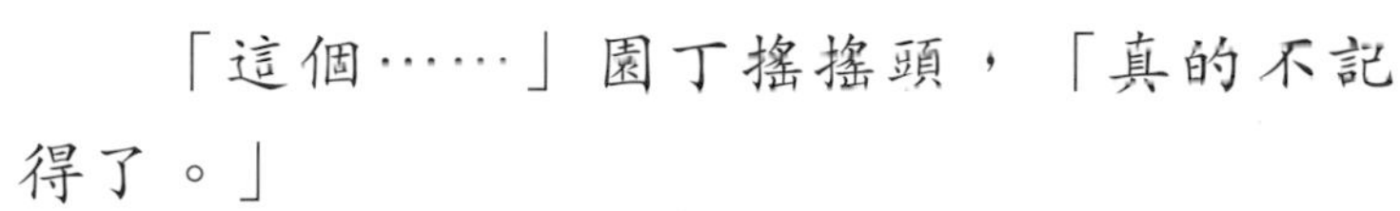

「這個……」園丁搔搔頭，「真的不記得了。」

「你的褲子很漂亮呢，昨天也是穿這條**褲子**嗎？」猩仔**莫名其妙**地問。

「是的，也是這條褲子。」

「明白了。」猩仔咧嘴一笑，又向園丁、管家和女傭掃視了一下，說，「來！我們一起跳一支**祈福舞**吧。」

「祈福舞？甚麼意思？」高個子管家感到**莫名其妙**。

「很簡單，只是一邊拍掌，一邊把左小腿和右小腿屈曲起來，交替地往後踢就行了。」

「可是，為甚麼要跳祈福舞？」艾萊夫人感到疑惑。

「對，為甚麼？」夏洛克也不明白。

「**為小象祈福呀。**」猩仔理所當然似的答道，「跳完這支舞後，就能找出綁架小象的**歹徒**了。」

「**別胡鬧！**」管家按捺不住罵道，「跳個甚麼祈福舞就能找到歹徒？怎可能？」

猩仔沒理會管家，只是望向艾萊夫人說：「伯母，要找回小象，就得跳這支舞啊。否則，我也**愛莫能助**。」

「這……」艾萊夫人有點困惑地看了看管家他們，又看了看猩仔。

「叫他們跳吧。」猩仔以不容抗拒的語氣說。

「這……」

**「跳吧。」**

「可是……」

**「跳吧。」**

「不過……」

**「跳吧。」**

「好吧。」艾萊夫人感受到猩仔的堅決，就向管家3人說，「你們跳吧。」

「甚麼？夫人，這個**小胖子**只是胡謅而已，怎可相信他跳甚麼祈福舞！」管家更生氣了。

「對，這也太過分了。」胖女傭也抗議。

「對對對，太過分了。」園丁連忙幫腔。

「這……」艾萊夫人不知如何是好。

猩仔突然向夏洛克說：「他們可能有點害羞，**你先跳吧**。」

「甚麼？我先跳？」夏洛克啞然。

「對，我來示範，你跟着我跳，他們就不會害羞了。」猩仔向夏洛克遞了個**眼色**。

「那麼，好吧。」夏洛克無奈地答應。

「看着啊！」猩仔邊打拍子邊叫道，「一、二、三，拍拍掌。」

他「啪、啪、啪」地拍了三下手掌。

「右腿曲一曲，往後踢啊踢！」說着，他曲起右小腿往後踢了踢。

「左腿曲一曲，往後踢啊踢！」說着，他曲起左小腿往後踢了踢。

「來！跟着我！」猩仔向夏洛克叫道。

「一、二、三，拍拍掌。」

「右腿曲一曲，往後踢啊踢！」

「左腿曲一曲，往後踢啊踢！」

看到猩仔和夏洛克兩人跳得起勁，艾萊夫人也學着跳起來。管家等人見到夫人也跳了，只好硬着頭皮也跳起來。

「一、二、三，拍拍掌。」

「右腿曲一曲，往後踢啊踢！」

「左腿曲一曲，往後踢啊踢！」

眾人在打拍子的喊叫聲中，整齊地跳起來了。

「向後踢得高一點！腳底要朝天！」猩仔喊道。

聽到指令，眾人只好踢得更用力，儘量把**腳底**踢得朝天。

「很好，很好呢。」猩仔一邊稱讚，一邊繞到眾人身後。

待眾人多踢幾下後，他突然大喊一聲：「**停！**」

「**噠**」的一聲響起，眾人像軍隊的步操被剎停般，急急地停了下來。

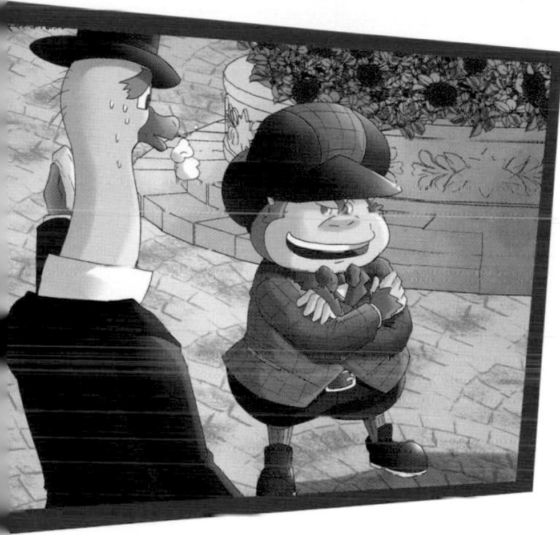

「很好，很好。」猩仔回到眾人面前滿意地笑道，「跳得實在好。」

「那麼……」艾萊夫人**戰戰兢兢**地問，「找到歹徒了嗎？」

「對，找到了嗎？」管家擦了擦額頭上的汗，也急切地問道。

「嘿嘿嘿……」猩仔**故弄玄虛**地笑了笑，「你們跳得那麼賣力，當然找到了。」

「是誰？」胖女傭問。

「還用問嗎？綁走小象的歹徒，就是——」猩仔説着，突然大手一揮，猛地指向園丁，「**他！**」

「我……？」園丁被嚇得一臉愕然，「小胖子，你**含血噴人**！我怎會綁架少爺，你……你有甚麼證據指控我？」

「哼！證據？你沒看到嗎？」猩仔揮動了一下手上的**花梗**，「這就是證據！」

「那不只是一根花梗嗎？」艾萊夫人訝異地問，「怎會是證據？」

「對，花梗怎會是證據？」管家和胖女傭也**異口同聲**地問。

「哎呀，你們看清楚好嗎？」猩仔沒好氣地說，「我是指花梗上**鈎**着的東西呀。」

「啊！」這時，夏洛克才注意到——花梗的刺上鈎着一條**白色的棉絮**！他終於明白了。猩仔在質問園丁時拿着花梗在園丁的褲子前**一掠而過**，為的是**鈎**下褲筒內的棉絮！而這條棉絮，與在花圃中找到的棉絮一樣，都是白色的。

猩仔走到園丁前，嚴詞喝問：「你說昨夜沒有走近花圃，那麼，花圃的玫瑰花花梗上，為何會鈎下你**褲筒的棉絮**？」

「這……」園丁眼神閃爍，猶豫了片刻才答道，「我常在花圃工作，可能……可能是之前鈎下來的吧。」

「對，他是園丁，工作時鈎下棉絮並不奇怪啊。」夏洛克覺得園丁說得有理，於是也提出質疑。

聞言，艾萊夫人等人也滿面疑惑地看着猩仔，等待他的回答。

「**哇哈哈**，早知你們會這樣問的啦。」猩仔**成竹在胸**地笑道，「所以，我才要你們大跳**祈福舞**啊。」

「甚麼意思？」夏洛克問。

「還不明白嗎？」猩仔説着，突然閃到園丁身後用力一拉一扳，就把園丁硬生生地扳倒在地上。

「啊！」眾人被這**突如其來**的舉動嚇了一跳。

「你想幹甚麼？」管家喝問。

「還要問嗎？答案就寫在他的**鞋底**上呀！」猩仔一手抓起園丁的右腳，「看！他的鞋底上不是沾了**血**嗎？」

聞言，眾人往園丁的鞋底定睛一看，

**不約而同**地發出了一下驚呼。

當然，夏洛克也看到了。園丁的鞋底確實沾着一些**深紅色的東西**，看來是乾了的血。

「我叫大家跳祈福舞，只是想看看他的鞋底罷了。」猩仔說，「如果叫他讓我檢視鞋底，他一定會趁機在地上擦一擦，把血跡擦掉啊。」

「原來是這個緣故，**小胖子**好厲害啊。」胖女傭佩服得兩眼發亮。

「喂，甚麼小胖子、小胖子的，沒名字讓你叫嗎？」猩仔撇撇嘴不滿地說，「**我是猩仔，你們就叫我——**」

說到這裏，猩仔突然停下來，擺了個**不可一世**的姿勢喊道：「就叫我——**天下無敵、舉世無雙、料事如神的猩仔神探吧！**」

聽到小伙伴這麼說，夏洛克「咕咚」一聲吞了一口口水，連自己也感到尷尬地說：「你這個稱號也實在太誇張了吧，很難叫人一口氣唸出來啊。」

「啊？是嗎？」猩仔笑嘻嘻地說，「說的也是，太厲害的人應該低調一點，就簡化一下，叫我**猩・仔・神・探**吧。」

說罷，猩仔猛地轉過頭去，惡狠狠地盯着園丁說：「快**從實招來**，究竟把小象綁架到哪裏去了？」

「對！快說！」本來不相信猩仔的管家，也催迫道。

「真……真的……不是我綁架了少爺啊。」園丁一臉冤枉地說。

「還想狡辯？」猩仔**咄咄逼人**地說，「不是你幹的話，為何你的鞋底沾了**血**？」

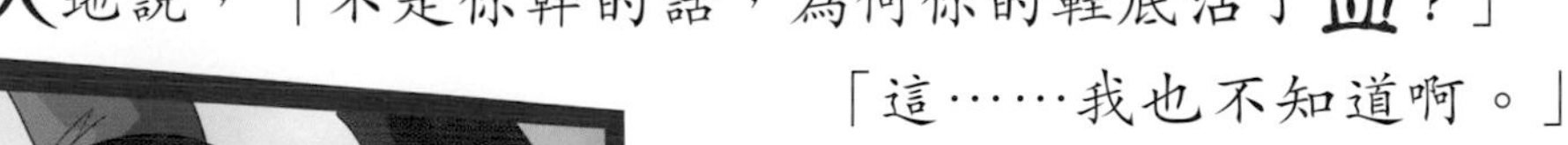

「這……我也不知道啊。」

「嘿，你不知道嗎？我可知道呢。」猩仔冷笑道，「你昨夜把小象扛在肩上在前院離開時，沒察覺小象被嚇得**流鼻血**。於是，連踏到了他滴下的血也不知道吧？」

「對！夫人，一定是這樣！」管家也吶

喊助威，向仍茫然**不知所措**的艾萊夫人說。

「可是……」夏洛克想了想，看了看園丁說，「他把小象扛在肩上的話，小象應是**頭向後，屁股向前**。這麼一來，小象滴下的鼻血就會滴在他的身後。那麼，他又怎會踏到身後的血呢？」

「哇哈哈！這個問題嗎？我早已想到合理的解釋啦。」猩仔信心滿滿地說。

「甚麼解釋？」夏洛克問。

「小象會**掙扎**的呀。」猩仔指着園丁說，「當小象掙扎時，這傢伙就會偶爾失去平衡**退後一步**，於是，就剛好踏在身後的血上了。」

「太厲害了！」胖女傭佩服得五體投地，「這分析簡直**無懈可擊**啊！」

這時，本來仍**半信半疑**的艾萊夫人已完全相信猩仔了，她走近園丁，懇切地哀求：「我平時也待你不薄，求求你，小象在哪裏？快告訴我吧。」

「夫人……」園丁不知如何是好，「**不……不是我幹的啊**。真的……不是我幹的啊。」

「你放心，只要你放了小象，我就當作沒事發生，不會責怪你。」艾萊夫人兩眼已眶滿了淚水，把小象的鞋子遞到園丁眼前說，「小象是我的**命根**，他萬一出了甚麼意外，我怎辦啊？」

「夫……夫人……」園丁哭喪着臉說，「我……我……其實只是**偷了一隻雞**……」

「**雞？**」眾人聞言，都呆住了。

「你說偷了一隻雞？究竟是甚麼意思？」艾萊夫人訝異地問。

「其實……我昨天黃昏偷了一隻雞，準備把牠宰掉時，只割了一刀，就給牠掙脫逃走了……我慌忙去追，好不容易才把牠捉住……可能，就是在那個時候踏到牠流下的血……」

「啊……」胖女傭猛然醒悟，「說起來，昨天真的不見了一隻雞，我還以為牠走脫了呢。」

「唔……」夏洛克沉思片刻，說，「從血跡在地上形成彎彎曲曲的路線看來，確實像一隻雞被人追趕時留下的呢。」

「哼！不要那麼輕易就相信這傢伙的說話啊！」猩仔搶道，「他只是隨便編個故事，想蒙混過關罷了！」

「編故事？我……我沒有編故事！是真的！」園丁慌忙為自己辯護，「我……我就算編故事，也不會想到用一隻雞來編吧？」

「猩仔，他講的也有點道理。」夏洛克說，「一個人就算說謊，也確實不會在剎那間想出那麼荒唐的故事。」

「不！有可能！」胖女傭忽然說。

「甚麼意思？」管家緊張地問。

胖女傭瞪大眼睛指着園丁說：「我昨天問過他那隻雞的事，他說沒看到。就是說，他從我口中知道走脫了一隻雞，順理成章，就想到用一隻雞來編故事了。」

「哇哈哈！胖姐姐真有點本事，那麼快就學會了我的邏輯推理！」猩仔得意忘形地向夏洛克笑道，「這麼一來，就能說明他為何懂得用一隻雞來編故事了！」

「啊……原來真的是你！」艾萊夫人轉哀為怒，舉起手上的鞋子就向園丁打去，「快說！你快說！究竟把小象藏在哪裏！」

「哎喲喲喲——」園丁哀叫，「真的不是我，我真的不知道啊！」

「**打！打！打！**」猩仔吶喊助威，「打到他**從實招來**為止！」

就在這時，夏洛克突然眼前一亮，指着夫人手上的鞋子喊道：「**且慢！那鞋子！**」

艾萊夫人被嚇得停下手來，問：「鞋子怎麼了？」

「那鞋子的**鞋底**，好像與窗框上的**鞋印**並不一樣！」

「甚麼？不會吧？」猩仔被嚇了一跳。

「伯母手上的鞋子是左腳的，我們可以對照一下右腳的鞋子。」說着，夏洛克把猩仔剛才扔下的鞋子撿起來，走到窗前，對照了一下窗框上的鞋印。

「怎樣？真的不同嗎？」

「窗框上的鞋印只有**3條橫紋**，但這鞋子上卻有**4條橫紋**，而且兩者橫紋的**粗幼**都不一樣。」夏洛克說。

「呀！」胖女傭忽然驚叫，「我認得，窗框上的鞋印可能是少爺另一雙鞋子留下的。我馬上去找找，看看那雙鞋子還在不在。」說罷，她就匆匆忙忙回到屋子去找了。

不一刻，胖女傭**上氣不接下氣**地走回來，緊張地說：「不得了！那雙鞋子不見了！」

「啊！小象一定穿着那雙鞋子被擄走了。」管家說。

「可是……」艾萊夫人望向猩仔問道，「這麼說的話，剛才的推理豈不是完全**錯誤**？」

不用說，夫人所指的是猩仔的推理，那就是——小象脫了左腳的鞋子，正想脫掉**右腳的鞋子**睡覺時，但還未來得及脫下，就被突然出現的綁匪要脅寫下字條。然後，他又被迫從窗口爬到外面去，在窗框上留下了**右腳的鞋印**。當綁匪把他扛在肩上離開院子時，他拚命掙扎，令腳上的鞋子甩掉，落在花圃的一盆玫瑰花旁。

「不！剛才的推理只是走了點彎路罷了。」猩仔並不服輸，「就算鞋印與留下的鞋子不同，也不代表小象沒有被綁架啊。」

「那麼，為何小象的鞋子一隻在**床下**，一隻卻在**花圃中**？」艾萊夫人問。

「**這個嘛**……」猩仔摸摸腮子想了想，突然眼前一亮，「哈！我知道了！」

「這麼快就知道了？」管家不敢相信。

「嘿嘿嘿，這個**腦瓜子**可不是一般凡人的貨色啊。」猩仔指指自己的腦袋，不可一世地說，「聽着！小象被綁架前，正在脫鞋子準備睡覺，當他脫掉了左腳的鞋子，把右腳的鞋子脫到一半時，突然察覺綁匪從窗口爬進來。在大驚之下，他就慌忙把**右腳的鞋子**脫下，並用力向綁匪**擲**去，想用鞋子來打走綁匪。可惜的是，綁匪一閃，避過了鞋子。於是，鞋子就**飛出窗外**去了。」

「啊！原來是這樣啊！」胖女傭興奮得按着嘴巴讚歎，「太厲害了！小胖子——不，**猩・仔・神・探**實在太厲害了！」

「嘻嘻嘻，你太誇獎了，叫人有點不好意思呢。」猩仔裝作有點靦腆地笑道。

「可是……」夏洛克想了想，又提出質疑，「假設小象真的從床邊把鞋子擲向綁匪，那麼，鞋子應該掉在**窗外的不遠處**，不可能掉在**花圃**那麼遠的地方啊。」

「有道理！」管家說，「就算站在書房的中間擲出鞋子，以小象的臂力，也不可能擲到花圃去。」

「這麼説來，確實也有道理。」艾萊夫人又望向猩仔，等待他的回應。

「**嘿嘿嘿**……」猩仔裝模作樣地冷笑幾聲，「這麼簡單的答案，你們也想不出來嗎？原因就是——當綁匪扛着小象準備逃走時，發現那隻掉在地上的鞋子，**他為防別人看到起疑心，就把鞋子踢到花圃去**，把鞋子藏起來了。怎樣？這個解釋很完美吧？」

「**嘩**！太完美了！」胖女傭佩服得兩眼發亮，「換了我是綁匪，也會把鞋子藏起來呢！」

「過獎了。」猩仔咧嘴一笑，突然又轉向那個仍呆立着的園丁，大聲喝道，「説！你是不是避過了小象擲出的鞋子，逃走時，又把鞋子**踢**到花圃去！」

「我……我不知道你説甚麼？」園丁一臉恐懼地説，「我根本沒有綁架少爺，我只是**綁架**了一隻**雞**……不……我只是**偷**了一隻**雞**罷了。」

「看！連説話也説得**一塌糊塗**了，證明你心虛！」猩仔喝道，「現在已**證據確鑿**！還想狡辯嗎？」

「先不要管雞的事了，快告訴我吧，你究竟把小象藏在哪裏啊？」艾萊夫人向園丁苦苦哀求。

「我……我真的不知道啊。」園丁哭喪着臉回答。

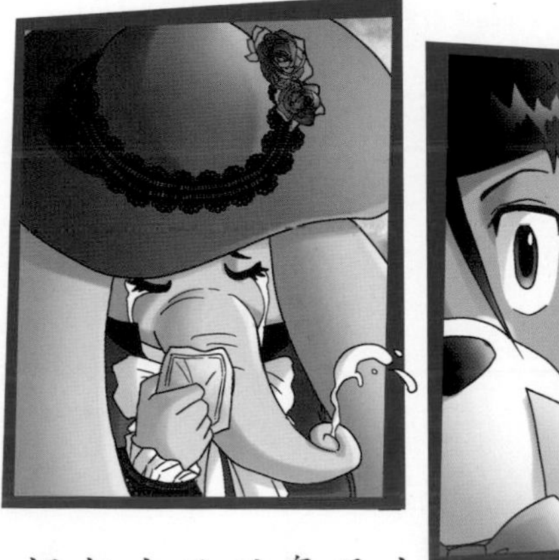


「求求你，告訴我吧。嗚……嗚……怎辦啊？要是小象出了甚麼事……怎辦啊？嗚……嗚……」艾萊夫人説着説着，不禁**痛哭流涕**，那長長的鼻子也流下鼻水來。

管家看到，慌忙掏出手帕，讓夫人抹了抹鼻水。

就在那一瞬間，夏洛克看到，當夫人提起自己的鼻子去抹時，鼻子向旁晃動了一下，剛好滴下的鼻水也隨着晃動向旁濺去，滴在一呎開外的地上。

「啊……」夏洛克突然靈光一閃，立即走到園丁身後，仔細地把他從頭到腳地檢視了一遍。

「怎麼了？」猩仔訝異地問。

「**擄走小象另有其人，並不是他！**」夏洛克指着園丁，以非常肯定的語氣對猩仔揚聲道。

「甚麼？不是他？」眾人驚訝萬分。

下回預告：綁匪另有其人？他是誰？夏洛克一一推翻猩仔的推理，更從一顆巧克力中發現線索，找到了小象的藏身之所！然而，小象已陷於虛脫狀態。猩仔如何搶救？最終，小象又能否脫離險境？

現場報道

仁濟醫院 Yan Chai Hospital

# 第十屆香港國際學生創新發明大賽 總評暨頒獎典禮

去年 12 月 16 日，由仁濟醫院董事局主辦的「第十屆香港國際學生創新發明大賽」在數碼港舉行總評暨頒獎典禮。共有 54 間本地及 8 間海外學校逾 500 名小學生参與賽事，參賽發明作品總計 280 件，其中 80 件作品入圍，競逐金、銀、銅及優異獎。

▲當日頒發個人創意盃、團體創意盃、傑出創新發明指導老師大獎、積極参與學校大獎等多個獎項。

## 小發明家獎

◀來自聖保羅男女中學附屬小學的陸宏曦同學，連續三年贏取本大賽獎項，榮獲小發明家獎。

◀今屆他為幫助殘疾人士及長者而設計出「暢通無阻輪椅」。

▲參賽同學積極向評審嘉賓介紹參賽作品及應用方法。

成語
科學
對對碰

數學

將軍！敵人
打進來了，
該怎麼辦啊？
莫慌。

您在
幹甚麼？

看我這樣，
當然是——

# 運籌帷幄

釋義：「籌」即算籌，是中國古代用來計數的工具，又因《道德經》中有一句「善數不用籌策」（善於算數的人毋須使用籌去計算），亦有「策略」的含義，所以「運籌」即是制定策略的意思。

「帷幄」是古代的軍用帳篷。

這成語原指古代將軍或謀士在軍營中出謀劃策，現泛指謀劃策略，多含褒義，如《史記．高祖本紀》就有「運籌帷幄之中，決勝千里之外」一說。

## 計數工具：算籌

算籌或稱算子，以木枝、竹、骨、象牙、玉石、鐵等材料製成。一般長約 12 厘米，直徑為 2 至 4 毫米。算籌以縱式和橫式 2 種方法記數，如下圖所示。

1 2 3 4 5 6 7 8 9

縱式

橫式

那算籌是怎樣用的？

# 算籌的計數方法

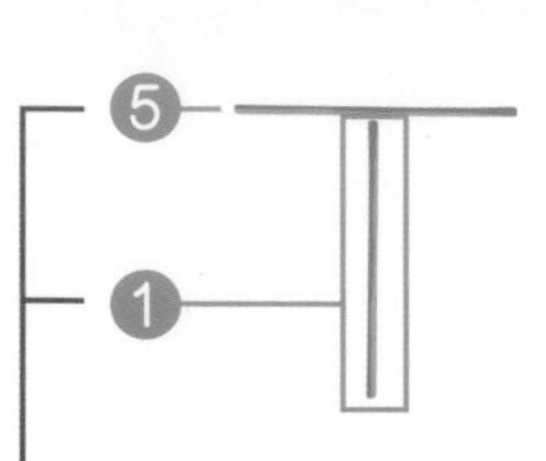


縱式：6=5+1

按縱式擺放時，若數字小於或等於 5，則依次豎着擺放算籌，每個算籌表示 1。
若數字大於 5 而小於 10，則在頂部橫放一枝算籌表示 5 後，再在其下方依次豎着擺出與剩下數值相等的算籌，如左圖所示。

5
2

橫式：7=5+2

按橫式擺放時，若數字小於或等於 5，則依次橫着擺放算籌，每個算籌表示 1。
若數字大於 5 而小於 10，則在頂部豎放一枝算籌表示 5 後，再在其下方依次橫着擺出與剩下數值相等的算籌，如左圖所示。

另外，算籌用縱式與橫式代表不同位數，例如：個位用縱式，十位則用橫式，百位又用縱式，千位就用橫式，如此類推。

右圖數字為 3672。

千位（橫式）　百位（縱式）　十位（橫式）　個位（縱式）

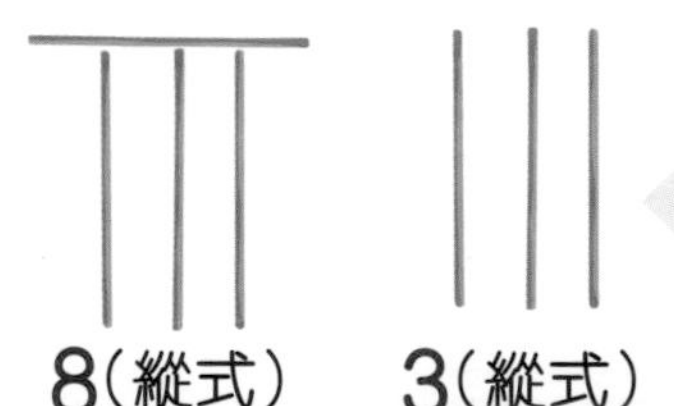

8（縱式）　3（縱式）

依上述規則可得，算籌中相鄰的兩個數字必是一縱一橫。所以若出現兩橫或兩縱的情況，表示這兩個數字中間有一個 0，因算籌中 0 不用擺出。

故此，左圖的數字是 803，而非 83。

# 算籌的進化：算盤

由於不便擺放與攜帶，算籌逐漸演化成中式算盤——把算珠排列成串來計算。明代後期的算盤為二五珠算盤，其上方有 2 顆珠子，下方有 5 顆珠子，也是現在通用的形式。

框

上珠：
一個珠子代表數字 5，不用時均靠在框的最上方。

下珠：
一個珠子代表數字 1，不用時均靠在框的最下方。

樑：
將算盤分成上珠和下珠兩部分。

檔：
每一檔代表一位數，從右至左，以便作加減乘除的四則運算。可自行選擇一檔作為個位。

使用算盤的方法是以拇指將上珠往下撥，用食指及中指將下珠往上撥，稱為「撥珠」，又因人們快速撥珠時，珠子擊向框或樑而啪啪作響，故通稱「打算盤」。

▶表示小於 5 的數字如 3，在其中一個檔將 3 顆下珠往上撥向樑。

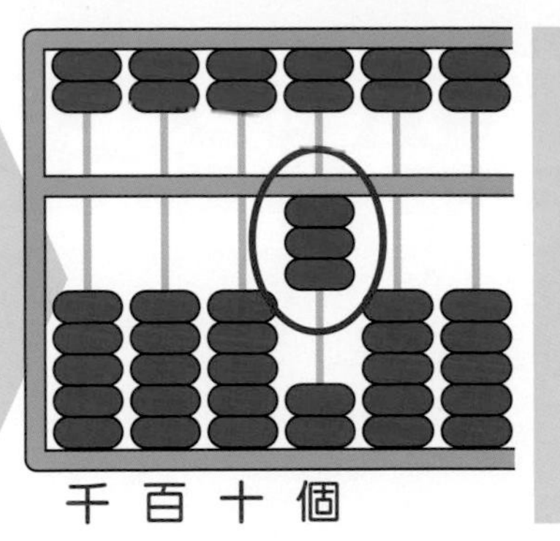


▶表示數字 5 時，在其中一個檔將 1 顆上珠往下撥向樑，也可將 5 顆下珠往上撥向樑。

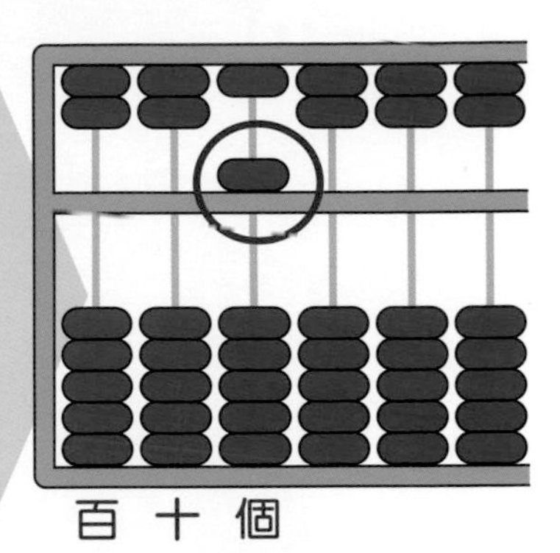


▶表示大於 5 小於 10 的數字例如 9，在其中一檔，將 1 顆上珠往下播向樑，再將 4 顆下珠往上撥向樑。

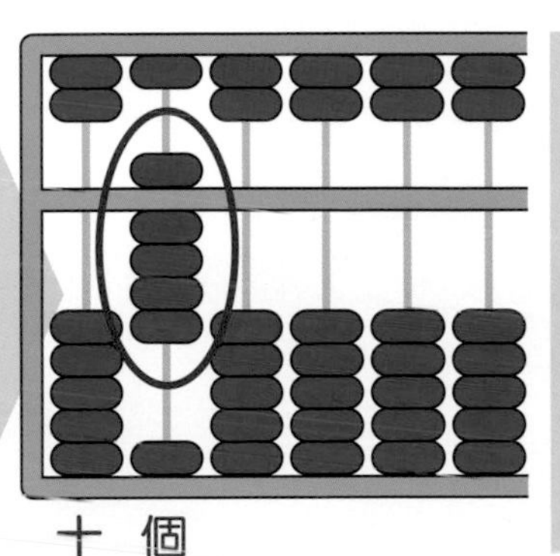


▶表示較大的數字如 625，就在三個相鄰的檔，從右至左依次撥出這三個數字。若要表示數字0，則將一個檔上所有算珠撥回框邊原位。

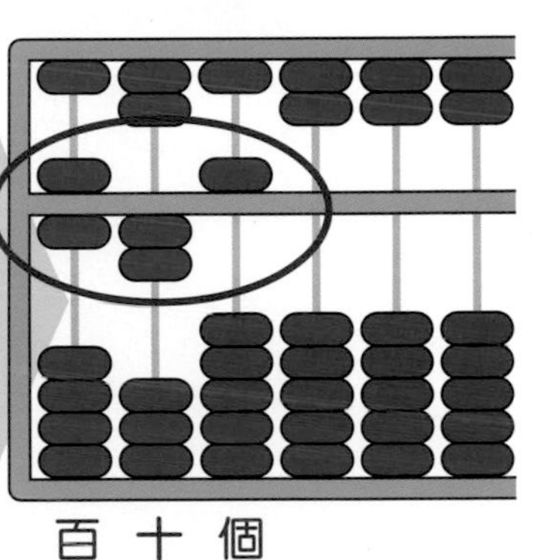


# 算盤的應用

在古代，算盤常用於計算軍用糧草的總量、稅務或商品的價格。至現代逐漸被計算器取代，但仍有地方在使用。

▶一些中藥店仍用算盤計算藥價。

Photo by jimmiehomeschoolmom/ CC BY 2.0

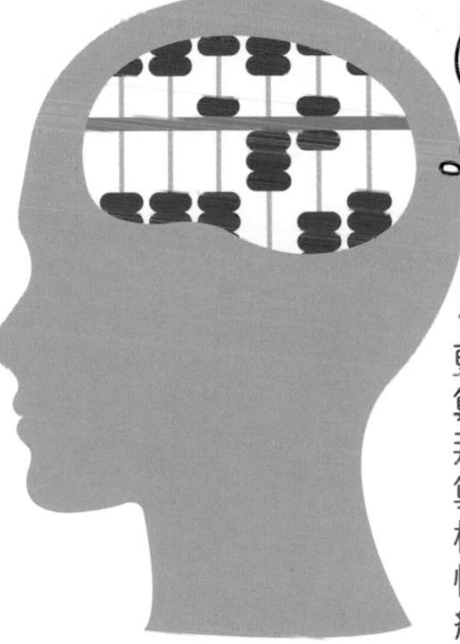


◀現代算盤運算更衍生出「珠心算」的培訓方法，那是在熟練使用算盤後，在腦中模擬出算盤畫面快速運算並得出結果。

*SOS 代表求救的意思。

範疇：地球與太空

KC 天文教室

天文

# 冬季星空多姿彩

梁淦章工程師
香港天文學會

太空歷奇

M42 獵戶座大星雲

馬頭星雲

巴納德環

冬季的星空最易認到的星座是獵戶座和肉眼可見的獵戶座大星雲。馬頭星雲和巴納德環則非常暗，要用長時間攝影才捕捉到。

Photo credit : APO

## 巴納德環──視直徑超過 10° 的極巨大發射星雲

這弧形的環結構是龐大的發射星雲最外圍的氣殼。天文學家估計氣殼是由獵戶座大星雲中的恒星超新星爆炸所引起。

## 馬頭星雲

Photo credit : APO

Photo credit : APO

◀這形狀如馬頭的暗黑星雲是由濃厚的塵埃和氣體組成，其背後將它襯托出來的紅光，來自組成獵戶座分子雲團其中一部分的發射星雲。另外，馬頭星雲下方的星點是正在形成的年輕恒星。

## M42 獵戶座大星雲

▼低倍短時間攝影所見 M42 最亮的部份像一條神仙魚。

Photo credit: 張坤成

▶在長時間攝影下就會發覺 M42 是一個極大的分子雲團，那是一個孕育新生恒星的地方，當中已發現極多正在成形的原恒星。

Photo credit : G.T.Fish

## 齊來認識冬季銀河的星空

▼銀河在照片的左上伸延至右下，滿佈着無數的星星，形成一條淡淡的「牛奶路」。

你能找出「冬夜大三角」和下列星座嗎？御夫座、雙子座、獵戶座、金牛座

▶ M45 昂宿星團，又稱七姊妹星團，是一個非常大和明亮的疏散星團，視直徑達 2°，肉眼可見。圍繞在那些亮星附近的塵埃雲被藍色的星光照亮，形成反射星雲，十分迷人。

M45

Photo credit : APO

M38

M36

M37

M35

冬季銀河

M42

NGC2237

M41

除了星星外，銀河中也藏着很多暗淡的星雲和星團（稱為深空天體）。天文學家為它們記上編號並列成星表，方便辨認。常用的深空天體表有《梅西耶天體列表》（編號起頭為 M）和《星雲星團新總表》（編號起頭為 NGC）。

NGC2237——即玫瑰星雲，請參閱上期「天文教室」。

## 疏散星團

▶冬季銀河中一些較明亮的疏散星團，用雙筒望遠鏡已可看到。每個星團展示其獨特的美態。

M35 M36 M37 M38 M41

Photo credit : 張坤成

地理

# 天空的倒影：烏尤尼鹽湖

Photo by Nico Kaiser/ CC BY 2.0

**烏尤尼鹽湖（或稱鹽沼）位於南美洲玻利維亞西南部，面積達 10582 平方公里，是世界最大的鹽湖。由於它可在特定條件下倒影出整片天空的獨特風貌，獲得「天空之鏡」的美譽。**

◀鹽湖在安第斯山脈從海底隆起的過程中形成。

## 不是湖面而是鹽地

那看似一望無際的湖面，其實只是在大片平面的鹽地上鋪了一層淺淺的積水。每年冬季，鹽湖都會被雨水覆蓋，形成一個淺湖。至夏季湖水乾涸，留下一層以鹽為主的硬殼地。

Photo by Nouhailler/ CC BY-SA 2.0

▲鹽沼上蓄積了雨水。

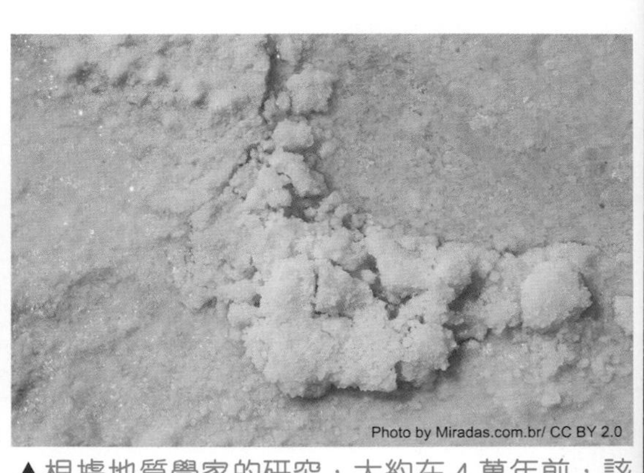

Photo by Miradas.com.br/ CC BY 2.0

▲根據地質學家的研究，大約在 4 萬年前，該區域是一個填滿海水的巨湖。在水分不斷蒸發下，如今當地多處的鹽層厚度都超過了 10 米，鹽的總儲量達 650 億噸。

## 倒影的秘密

下雨過後，雨水會在鹽地上形成一層清澈透明的薄層，猶如巨大的平面鏡，倒映水層上方的景象。

Photo by Diego Delso/ CC BY-SA 4.0

▲鹽湖在黃昏時期的景象。

水面形成的倒影不如原來物體一樣光亮清晰，因部分光線折射進入水中，只剩下部分光線反射到人眼，令倒影看起來總比原物體顏色淺。

Photo by Carlos Adampol/ CC BY-SA 2.0

「倒」影源於光的反射，陽光照在人身上時反射至水面，然後光線經水面再反射到觀察者的眼睛。由於人腦總認為光是沿直線前進，所以就看到在水下有倒立的人像。

Photo by Carlos Adampol/ CC BY-SA 2.0

鹽湖的最佳旅遊時間為每年的2-3月，不過因其位於海拔約3700公尺的山區，氧氣稀薄且平均溫度較低，旅行前須做好充足的準備啊！

Photo by Carlos Adampol/ CC BY-SA 2.0

範疇：生命與環境

# 死皮有罪？

專欄審校：
香港科技大學生命科學部教授　周敬流博士

這美白面膜還能去死皮呢。
「黑面神」也需要美白嗎？
你的皮膚死掉了？
不是這個意思……

## 人體的城牆

若將人體比喻成要塞，那皮膚就是人體的城牆了！這「城牆」可分成表皮、真皮及皮下組織，總厚度不一，最薄的地方在眼簾，只厚約0.5毫米，而最厚的地方則在腳跟，足足有4毫米。所謂死皮其實是表皮的最外層——角質層。

角質層

表皮

死皮是皮膚表面不可或缺的一部分啊。

除了皮膚外層，頭髮外層、指甲等都是由角質層組成。

# 死皮的功用

位於皮膚最外層的角質層（即死皮）由十多層死掉的細胞組成。那些細胞呈偏平狀，有防水功用，亦可防止皮膚的水分蒸發流失。此外，由於角質層較硬，因此可抵禦摩擦力，使皮膚不至於輕刮一下就受傷。

最表面的角質除了因受到摩擦而掉落，也會自然脫落。

角質層上還有一些油脂，具潤滑效果，使皮膚受到的摩擦力較小，另外也有防菌、防水等功用。

切面角度觀察的角質層。

# 皮屑遍佈家中！

人體 24 小時都在脫皮，最外層的皮膚碎屑在不知不覺間剝落，散落在四周，並構成了家居塵埃約 20% 至 50%。

# 長江後浪推前浪？

雖然表面的皮膚不斷剝落，但表皮低層會不斷分裂出新的細胞。這些細胞緩慢地向上移，過程中逐漸死亡及變成偏平狀，最終到達最外層。整段過程需時約 40 至 56 天。

▶爬蟲動物的皮膚一旦成形就不會再生長，牠們會在舊皮膚下方形成一層新皮膚，然後再把舊皮一整塊地蛻掉，所以其脫皮過程遠比人類的更清晰可見。

# 死皮太多會怎樣？

脫落的死皮可能會留在皮膚上，若不清潔，便會堆積起來，可能堵塞毛孔而引起暗瘡等問題。

▶一般而言，每天洗臉 2 至 3 次及洗澡，已足以洗掉過多的死皮及油脂。

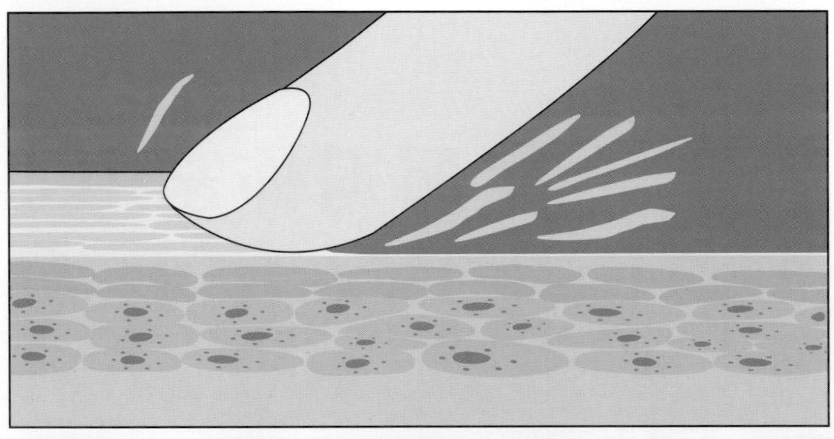

▲洗臉時若太大力摩擦，或是過度進行去角質層的美容療程，可能會令死皮變得太薄，影響其防禦功能。

# 沒有死皮會怎樣？

太多死皮不衛生，沒有死皮也不行！死皮很薄也很易被刮走。若人體失去了最外層的死皮，細菌便較易入侵，此外皮膚也較易因蒸發而流失水分，從而變得乾燥。

牛奶
面膜？
好像很
好吃！
喂！我花了
好多錢買的
呀！
裏面可能
有非食用
成分，別
吃啊！

# 北方白犀牛的最後希望？

科學快訊 動物

**目前全球只剩2隻北方白犀牛，而且都是雌性。換言之，牠們已不可能自然繁殖。不過，科學家於去年9月首次成功移植另一犀牛品種——南方白犀牛的胚胎，意味着胚胎移植技術可能適用於北方白犀牛，這可能是拯救牠們免於絕種的最後希望。**

▲相片中的北方白犀牛叫 Najin，今年已是 34 歲的「長者」，其女兒 Fatu 則 23 歲。雖然兩隻犀牛都無法懷孕，但 Fatu 則仍能提供卵子。牠們現居於肯亞的一個保育區，24 小時都有武裝人員保護。

## 如何拯救北方白犀牛？

最後數隻雄性北方白犀牛死亡前，科學家已抽取牠們的精子，並以液態氮保存。因此，科學家可於實驗室內，以人工方法令北方白犀牛的卵子受精並發展成胚胎。

精子 + 卵子 → 胚胎 → 南方白犀牛代母 → 北方白犀牛寶寶

由於世上已沒有北方白犀牛能懷孕，因此要從其近親——南方白犀牛選出一隻作為代母，將胚胎移植到其體內，使其逐漸發展成胎兒，誕下北方白犀牛寶寶。

不過，此技術從未應用於犀牛上，而北方白犀牛的胚胎數量非常有限，不能貿然使用。

因此，科學家要先利用南方白犀牛來證明胚胎移植可行。

Photo by Rod Waddington/CC BY-SA 2.0


▲南方白犀牛

## 代母與代孕

代孕技術應用於人類方面已十分廣泛，通常是為了輔助因身體問題或其他原因而不適合懷孕的人。簡而言之，那就是替別人孕育胚胎直到孩子出生，代母則是負責孕育胚胎的人，不過因倫理道德原因受到不同程度的管制。

科學家希望趕及在2至3年內用此方法培養北方白犀牛後代，讓牠們有機會與 Najin 及 Fatu 生活，並學習到其品種在野外的社會行為及習性，以免其自然習性消失。

# 開心禮物屋 叢林探險

感受科學的奧秘！

**參加辦法**

在問卷寫上給編輯部的話、提出科學疑難、填妥選擇的禮物代表字母並寄回，便有機會得獎。

## A LEGO 41166 魔雪奇緣 2 1名

和安娜、愛莎一起進入魔法森林探秘！

## B STAR WARS 法斯瑪船長 頭盔 1名

收集第一軍團風暴兵隊長的頭盔！

## C GREEN SCIENCE 天氣科學 1名

製作出模擬天氣的環境，感受其中奧秘。

## D 科學大冒險②&③ 1名

由小Q帶領你去科學的世界一探究竟！

## E 小說 怪盜 JOKER ③&④ 1名

足智多謀的怪盜 Joker 施展妙手將寶物手到拿來！

## F 大偵探文具套裝 1名

內含五款大偵探精美文具。

## G Crayola 窗戶麥克筆 (8 枝) 1名

盡情發揮想像力，創造美麗的畫作！

## H TAKARA TOMY 五星級大鼠 1名

五星級餐廳的大廚竟是一隻老鼠！

## I TAKARA TOMY 動物搬運車 1名

載有小動物的精美卡車。

## 第 225 期得獎名單

| | 禮物 | 得獎者 |
|---|---|---|
| A | Merchant Ambassador 捉地鼠 | 梁皓晴 |
| B | BANDAI 機動戰士 救世主高達 | 黃安瑜 |
| C | STAR WARS 芬恩 鈦合金頭盔 | 蔡睿妍 |
| D | 大偵探福爾摩斯 逃獄大追捕大電影 Book + DVD | 劉灝信 |
| E | 誰改變了世界？③&④ | 陳丹喬 |
| F | 小說 名偵探柯南 電影版①&② | 繆雲驄 |
| G | LEGO 10692 創意顆粒箱 | 陳梓樂 |
| H | TAKARA TOMY 銀河星光寶箱 | 梁芷嫣 |
| I | TOMY 優獸大都會 教父 Mr. BIG | 陳子霖 |

## 規則

截止日期：3月31日
公佈日期：5月1日（第229期）

★ 問卷影印本無效。
★ 得獎者將另獲通知領獎事宜。
★ 實際禮物款式可能與本頁所示有別。
★ 匯識教育公司員工及其家屬均不能參加，以示公允。
★ 如有任何爭議，本刊保留最終決定權。
★ 本刊有權要求得獎者親臨編輯部拍攝領獎照片作刊登用途，如拒絕拍攝則作棄權論。

第223期得獎者（代領）

大偵探福爾摩斯

# 蘇格蘭場失火記

又解決了一件案子！
回蘇格蘭場吧！
明明都是我在出力。

咦？前方在冒煙……

是蘇格蘭場！

河馬巡警！發生甚麼事？

報告兩位警官，總部剛剛失火了！
甚麼？
火勢雖已受控，但準備送去監獄的 20 個犯人全逃走了！

那犯人名單還在嗎？

還在……但大半被燒掉了。


## 犯人信息

犯人名單
搶劫：12人
打鬥：7人
既搶劫又打鬥：5人
死刑犯：

但連人有多少都不清楚，怎樣抓啊？
別慌，先算出死刑犯人數，再慢慢排查。
死刑犯全是危險人物，須先抓回來！

那個「既搶劫又打鬥」是否也屬於「搶劫」或「打鬥」的一部分？

是的，而且這三類犯人都不是死刑犯。

這樣可用「集合」計算。


## 集合是甚麼？

在數學上，集合是指若干不同物件組成的整體。那些物件稱作元素或成員，可以是數字、符號或其他類型的東西。

若將零食看成一個集合，那麼當中的糖果、巧克力等就是該集合的元素。

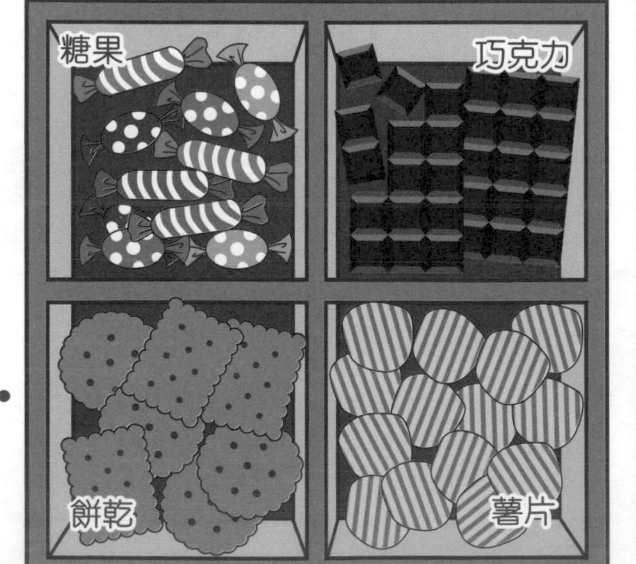

# 死刑犯人數計算

將「犯人總數」看成一個集合，而「搶劫人數」、「打鬥人數」和「死刑犯人數」則是其中的元素。
看看右圖吧！

搶劫：12

打鬥：7

既搶劫又打鬥：5

死刑犯：?

原來如此，中間人數相交的部分就是既搶劫又打鬥的人數。
那淺藍色部分就是死刑犯的人數了。


## 只搶劫不打鬥

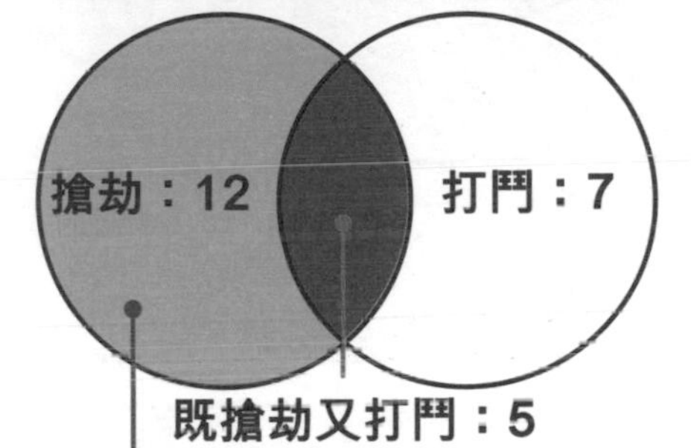


綠色部分 =
12（搶劫人數）- 5（既搶劫又打鬥人數）=
7（只搶劫不打鬥人數）

## 只打鬥不搶劫

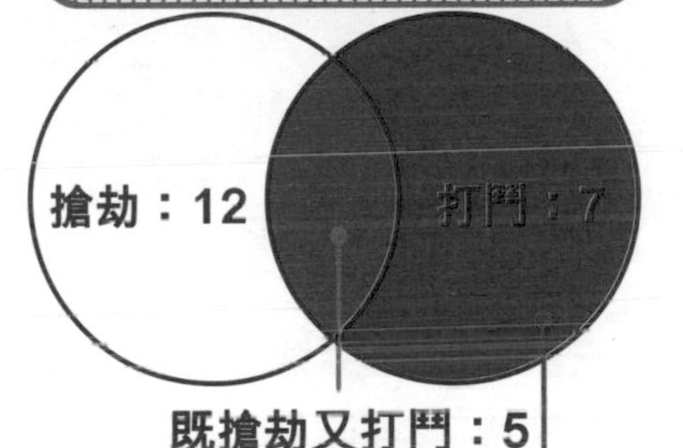


紅色部分 =
7（鬧事人數）- 5（既搶劫又打鬥人數）=
2（只打鬥不搶劫人數）

這樣就不會將人數弄混了！
只要將總人數減去那三種顏色的人數，就能算出死刑犯有多少人。


總犯人數目：20

搶劫：12

打鬥：7

既搶劫又打鬥：5

死刑犯：6

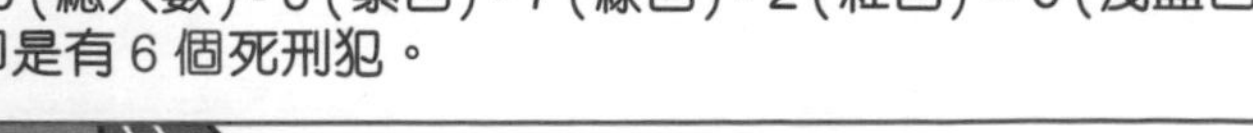

20（總人數）- 5（紫色）- 7（綠色）- 2（紅色）= 6（淺藍色）
即是有 6 個死刑犯。

## 物品丟失的信息

貴重物品：5
私人物品：8
貴重的私人物品：4
其他物品：3

「貴重的私人物品」也屬於「貴重物品」或「私人物品」的一部分，嘗試用集合的方法算出丟失的物品總數吧，答案在 p.56

一周後——

全靠我把犯人都抓回來了！
但失竊物品靠我找回來呢！
哼，明明都是我在出力。

另外還有些物品沒名字，請大家認領。

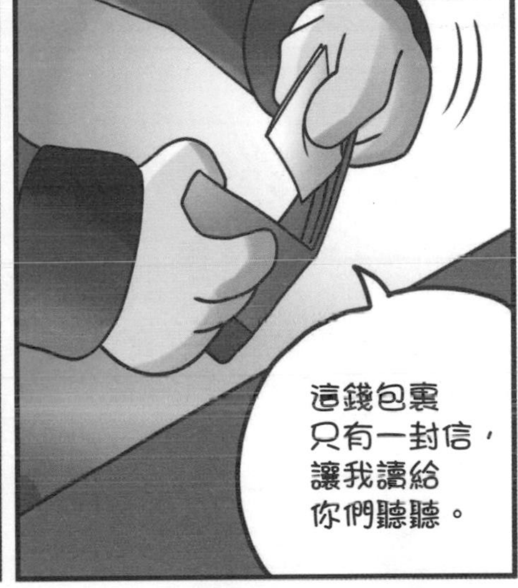
這錢包裏只有一封信，讓我讀給你們聽聽。

親愛的麗娜，你笑起來就像天上的月亮；說話時又像珍珠落在玉盤上；
走路時更像婀娜多姿的孔雀，讓我朝思暮想……

哇！那是我的！
哇哈哈哈！這麼肉麻的表白也寫得出來！

還有，這本筆記簿寫着：
「10磅！10磅！
這個月又胖了10磅啊！
褲子大了2個碼！
氣死我了！」

哇！
那是我的
日記呀！

## 難題答案

將總物品數看成集合，則是——

紫色部分：
貴重的私人物品：4 個

綠色部分：
非私人的貴重物品：5（貴重物品）- 4（貴重的私人物品）= 1 個

紅色部分：
非貴重的私人物品：8（私人物品）- 4（貴重的私人物品）= 4 個

淺藍色部分：其他物品：3 個

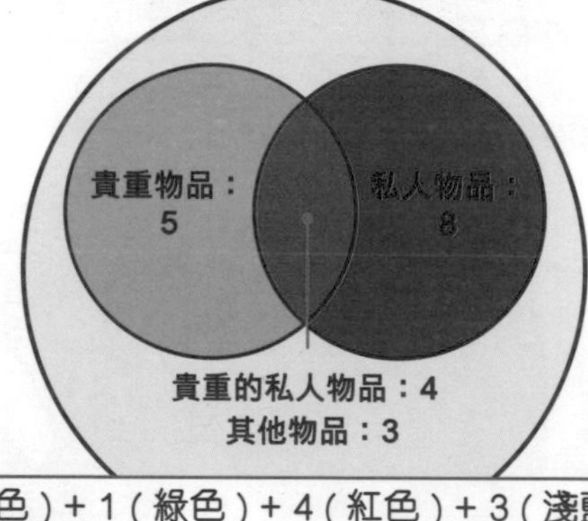
貴重物品：
5
私人物品：
8
貴重的私人物品：4
其他物品：3

4（紫色）+ 1（綠色）+ 4（紅色）+ 3（淺藍色）= 12（物品總數）
所以總共丟失了 12 件物品。

# 美國萬通小太空人訓練計劃

2024 年的美國萬通小太空人訓練計劃現正接受報名！若你的年齡介乎 7 至 11 歲，對太空探索充滿興趣，就要把握機會，爭取成為其中一位小太空人，於今年暑假前往美國進行 9 天「太空探索之旅」！

須網上報名，
截止日期為 3 月 31 日。
詳情請參閱網站
https://www.itispossible.com.hk/tc

# 香港科學館特備展覽 科幻旅航

展覽以科幻作品作為主題！參觀者可置身於「穿梭機與貨艙」、「探索艙」、「生物研究室」等展區，一邊感受科幻氣氛，一邊探討太空探索、機械人等熱門科學主題。

展期：
即日至 5 月 29 日
地點：
香港科學館
特備展覽廳

詳情請參閱香港科學館網站
https://hk.science.museum/tc/web/scm/exhibition/scifi2023.html

# 香港太空館天文電影 火星：終極旅遊指南

火星探索目前進行得如火如荼，火星上不少有趣地貌景緻，大家都能透過這個節目一探究竟！節目中，觀眾可觀賞到由衛星和地面圖像構成的「火星地圖集」，感受這顆鄰近行星多麼變化多端。

放映日期：
2024 年 3 月 17 日
時間：
4:30 pm - 5:30 pm
地點：
即場免費入座，
座位先到先得。

詳情請參閱香港太空館網站
https://hk.space.museum/tc/web/spm/activities/astronomy-film-show.html

曹博士信箱 Dr.Tso

# 洗髮露和沐浴露有甚麼不同？

徐梓耀

從表面上看，洗髮露和沐浴露是兩種用處不同的洗潔劑，前者洗頭、後者洗身。驟眼看來只是清潔長在頭頂的長髮，與身體的皮膚短毛之別，然而禿頭老者也不會因頭髮掉光了而非改用沐浴露不可！

其實，兩者的主要成分除了水之外都有「表面活化劑」。表面活化劑是洗滌類化學品的統稱，能把油脂性的污跡溶混進水裏，方便沖走。日常使用的肥皂、洗衣粉都有表面活化劑，不過它們的化學結構未必相同。一般來說，洗髮露和沐浴露的表面活化劑的能力都不會強如洗碗用的洗潔精般把所有油脂清洗殆盡，否則皮膚就會受到傷害而變得粗糙。

別以為光頭就不用洗頭啊！光頭只是沒有頭髮，並非沒有頭皮，仍須用洗髮露清洗。

▼表面活化劑有很多種，但其分子全部都可分成頭部和尾巴兩部分。頭部只能溶於水中，尾巴則因為「怕水」，只能溶於油中。

頭部

我很怕水！

尾巴

我喜歡水！

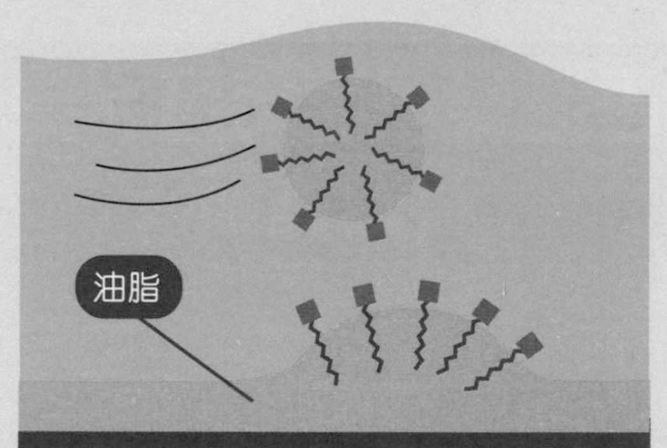


▶表面活化劑的尾巴像釘子一樣釘住油脂，頭部則可保持在油脂外，因而可被水沖走。

除了上述主要的洗滌成分外，兩者還有其他不同的組成混合物，例如：增稠劑（使水液變得黏稠、增加接觸時間去除污垢）、起泡成分（洗濯時搓出泡沫，易於沖洗）、防腐劑和穩定劑（使成品的流質結構穩定，減慢成分降解失效的速度）、乳化劑（避免產品出現油水分離的現象）。各款品牌林林總總，多不勝數，亦有商品添加了色素和香料等。

兩者成分的不同之處在於藥效。相對而言，不少人易生頭屑，故此多款牌子的洗髮露，其配方中附加了潤髮成分或含有殺滅真菌的化學劑，用來壓抑真菌生長，減少頭屑充盈。至於沐浴露則較少這種需要。

此外，頭髮的 pH 值較其他部位體膚的低，因此一些專業洗髮露的 pH 值常調校至低於 5.5。因此，一些洗髮露會含有強酸如氫氯酸來降低 pH 值，而沐浴露則只用弱酸（如果酸）。

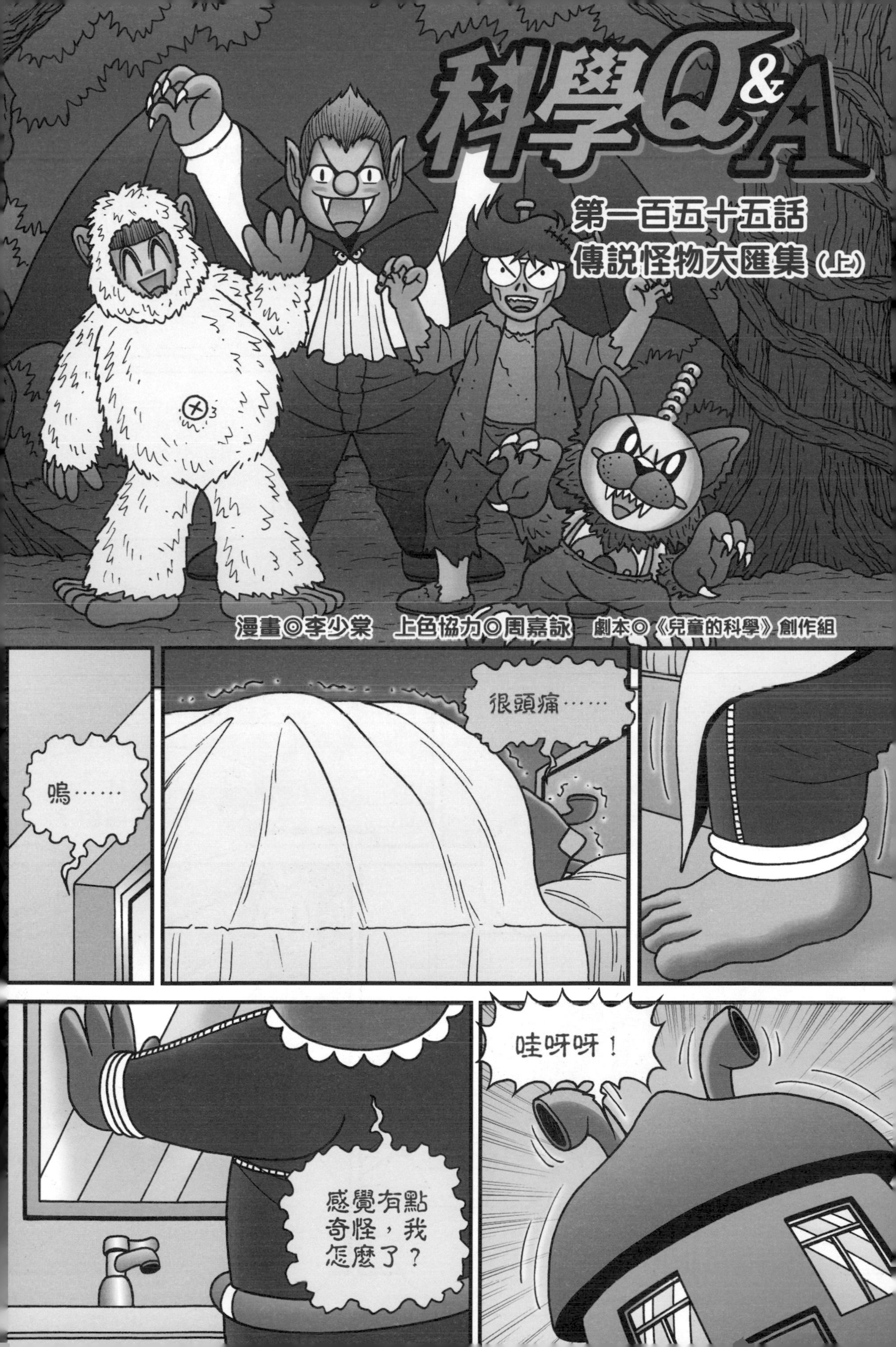
科學Q&A
第一百五十五話
傳說怪物大匯集（上）
漫畫◎李少棠　上色協力◎周嘉詠　劇本◎《兒童的科學》創作組
嗚……
很頭痛……
感覺有點奇怪，我怎麼了？
哇呀呀！

尼斯湖水怪的
傳説很出名啊！
尼斯湖水怪
蘇格蘭尼斯湖的水怪傳説
已有1500年歷史，至今有
超過1000宗目擊記錄……
其中最著名的是1934年
刊載於《英國每日郵報》
的照片，但後來被揭發
那只是用玩具和木頭砌成
的惡作劇。
那照片
竟是假的？
去年8月由全球志願者
展開大型搜索活動，
但未有任何收穫。
就算用現代科技
也找不到嗎？
其實這種
目擊怪物事件
有很多
可能性。

那可能是
由自然現象
造成幻覺，
或純粹看錯。
哇！

難道怪物
克拉肯都是
假的？
克拉肯？

克拉肯(Kraken)
是北歐神話中，
在挪威近海
出沒的怪物。
早於大約
公元1100年，
已有對這海怪
的記述——
牠身長
超過10米，
以8隻手臂和
2隻更長的觸手
襲擊船隻，令人
聞風喪膽。

歷史上有
很多目擊
證據啊！

在海中出沒、
有8隻手臂和
2隻長觸手……

不就是……
是甚麼？

魷魚！
砰！
砰！
世上哪有
這麼大的魷魚！
有啊。


大王魷魚又稱巨烏賊，體長4米，總身長達10米，
一般生活在數百至3000米的深海，人們很難遇到。

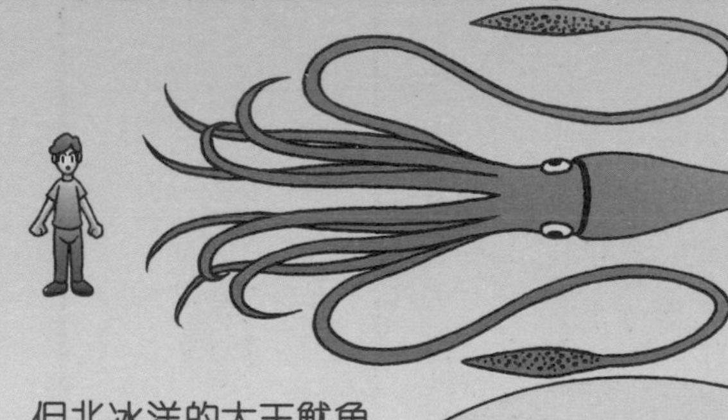

但北冰洋的大王魷魚
主要在約300米深的
海中出沒，較易
被人們目擊到。

以前沒有相機，
人們只能口耳相傳，
以訛傳訛下就變成
深海怪物了。

現代科技發達，當漁民捕獲到大王魷魚，
這種「怪物」就得以曝光。

而地點多在挪威、
冰島近海，亦引證
克拉肯該是牠。

原來只是魷魚，
真掃興。
但這故事
挺有趣！

這裏就是
中世紀的
歐洲嗎？
很漂亮！
好像遊戲
世界一樣！
中世紀是指
歐洲在大約
公元476年至
1453年時期。
其間發生過
文藝復興、
大航海時代等，
啟蒙現代文化。
但當時缺乏排水技術，
排泄物隨地棄置，
衛生情況極差，還
曾爆發黑死病啊。
噁，很臭！
這種地方
能住人嗎？
救命啊！
有怪物襲擊啊！
甚麼？

真的有
怪物啊！
咦？那是……

大猩猩？

雖只是猩猩，
但也有攻擊性，
要先制服牠！

等等！

阿怪很善良的，
請手下留情！
怎麼回事？

三年前我哥在非洲
探險迷路，幸得阿怪
為他帶路脫險。
*中世紀後期，歐洲人作航海探險，開闢到非洲、
亞洲等新航路，而哥倫布亦於1492年發現美洲大陸。

哥哥從此
與阿怪成為
朋友，不單
悄悄帶牠回來，
還改了名字。
但牠是怪物，
我們不敢讓牠
在其他人前
出現。

為何他一直把
猩猩說成怪物？

1836年，美國傳教士沙維治 (Thomas Staughton Savage)
在非洲西部的利比里亞發現不明品種的猿猴骨頭，
至1847年才正式被定名為「大猩猩」(Gorilla)。

此前沒人知道
甚麼是大猩猩，
以為牠們是
人形怪物。
原來如此！

那為何牠
會跑出來？
哥哥昨天去世了，
牠可能太傷心
才走出來吧。
昨天我發現哥哥
倒在路上，送到醫生
那裏時已沒救了。
侄女又失蹤了，
怎麼辦啊？
太可憐
了。
嗚嗚……
牠怎麼
了？
不能讓牠
傷到別人，
快追！

哇呀！
喪……喪屍
呀！
嘭嘭！
哇！這邊
有怪物！
今天是
大凶日
嗎？
那是？
是我哥的墓穴，
今早醫生說他已死，
決定儘早安葬。
呱！
那麼喪屍是
怎麼回事？
嘭！
咦？
屍變呀！
真的有
喪屍呀！
嘭嘭！
哥哥怎會
變成喪屍呀！
啊！
糟了！

快挖！
小Q
這樣做一定
有原因！
你們在
幹甚麼？
甚麼？
你想
把喪屍
放出來？
怎、怎樣？
打開它！
你想對哥哥
幹甚麼！
你是想把
喪屍抓出來
打倒他吧？
啊！
嚓！

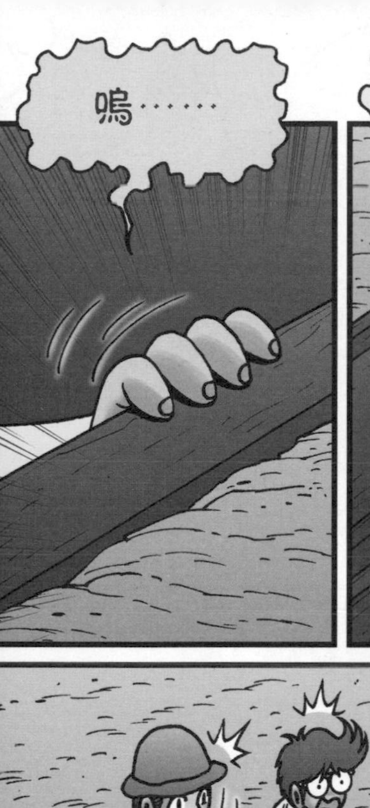
嗚……

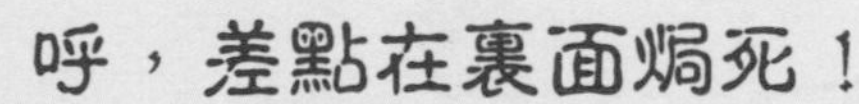
呼，差點在裏面焗死！

死人
復活了！

他根本
沒死。
咦？

中世紀的科學仍未
發達，醫生檢查病人
的生命跡象過程簡陋，
常判斷錯誤。

當病人醒過來掙扎，
看起來就像死人
破土而出，便成了
喪屍的可怕傳說。

嘭嘭！

對了！

下期預告：小Q等人勇闖吸血鬼古堡！到底他們能否救回米娜？

# 訂閱 小學生科學知識月刊！

**每月1日出版**

**翻到後頁 填寫訂閱表格**

## 訂戶換領店選擇

### 書報店

| 九龍區 | | 店鋪代號 |
|---|---|---|
| 新城 | 匯景廣場 401C 四樓（面對百佳） | B002KL |

## OK便利店

| 香港區 | 店鋪代號 |
|---|---|
| 環德輔道西 333 及 335 號地下連閣樓 | 284 |
| 環般咸道 13-15 號金寧大廈地下 A 號舖 | 544 |
| 諾道西 82- 87 號及修打蘭街 21-27 號海景大廈地下 D 及 H 號舖 | 413 |
| 營盤德輔道西 232 號地下 | 433 |
| 環德輔道中 323 號西港城地下 11,12 及 13 號舖 | 246 |
| 環閣麟街 10 至 16 號致發大廈地下 1 號舖及天井 | 188 |
| 港西環爹核士街 7 & 7A 卑路乍街 136、136A、138、140 及 142 號威新樓地下 A 號舖 | 727 |
| 鐘花園道 3 號萬國寶通廣場地下 1 號舖 | 234 |
| 仔軒尼詩道 38 號地下 | 001 |
| 仔軒尼詩道 145 號安康大廈 3 號地下 | 056 |
| 仔灣仔道 89 號地下 | 357 |
| 仔駱克道 140 號地下 A 號舖 | 388 |
| 鑼灣駱克道 414, 418-430 號德大廈地下 2 號舖 | 291 |
| 鑼灣堅拿道東 5 號地下連閣樓 | 521 |
| 后英皇道 14 號僑興大廈地下 H 號舖 | 410 |
| 后地鐵站 TIH2 號舖 | 319 |
| 台山英皇道 193-209 號英皇中心地下 25-27 號舖 | 289 |
| 角七姊妹道 2,4,6,8 及 8A, 昌苑大廈地下 4 號舖 | 196 |
| 角電器道 233 號城市花園 1, 2 及 3 座台地下 5 號舖 | 237 |
| 角堡壘街 22 號地下 | 321 |
| 魚涌海光街 13-15 號海光苑地下 16 號舖 | 348 |
| 古康山花園第一座地下 H1 及 H2 | 039 |
| 灣河筲箕灣道 388-414 號逢源大廈地下 H1 號舖 | 376 |
| 箕灣愛東商場地下 14 號舖 | 189 |
| 箕灣道 106-108 號地下 B 舖 | 201 |
| 花邨地鐵站 HFC 5 及 6 號舖 | 342 |
| 灣興華邨和興樓 209-210 號 | 032 |
| 灣地鐵站 CHW12 號舖 (C 出口 ) | 300 |
| 灣小西灣道 28 號藍灣半島地下 18 號舖 | 199 |
| 灣小西灣邨小西灣商場四樓 401 號舖 | 166 |
| 灣小西灣商場地下 6A 號舖 | 390 |
| 灣康翠臺商場 L5 樓 3A 號舖及部份 3B 號舖 | 304 |
| 港仔中心第五期地下 7 號舖 | 163 |
| 港仔石排灣道 81 號兆輝大廈地下 3 及 4 號舖 | 336 |
| 港華富商業中心 7 號地下 | 013 |
| 馬地黃泥涌道 21-23 號浩利大廈地下 B 號舖 | 349 |
| 脷洲海怡路 18A 號海怡廣場 ( 東翼 ) 地下 G02 號舖 | 382 |
| 扶林置富南區廣場 5 樓 503 號舖 "7-8 號檔 " | 264 |
| **九龍區** | **店鋪代號** |
| 龍碧街 50 及 52 號地下 | 381 |
| 角咀港灣豪庭地下 G10 號舖 | 247 |
| 水埗桂林街 42-44 號地下 E 舖 | 180 |
| 水埗富昌商場地下 18 號舖 | 228 |
| 沙灣蘇屋邨蘇屋商場地下 G04 號舖 | 569 |
| 沙灣道 800 號香港紗廠工業大廈一及二期地下 | 241 |
| 沙灣道 868 號利豐中心地下 | 160 |
| 沙灣長發街 13 及 13 號 A 地下 | 314 |
| 枝角道 833 號昇悅商場一樓 126 號舖 | 411 |
| 枝角地鐵站 LCK12 號舖 | 320 |
| 磡機利士路 669 號昌盛金舖大廈地下 | 094 |
| 磡馬頭圍道 37-39 號紅磡商業廣場地下 43-44 號 | 124 |
| 磡鶴園街 2G 號恒豐工業大廈第一期地下 CD1 號 | 261 |
| 磡愛景街 8 號海濱南岸 1 樓商場 3A 號舖 | 435 |
| 頭圍村洋葵樓地下 111 號 | 365 |
| 頭圍新碼頭街 38 號翔龍灣廣場地下 G06 舖 | 407 |
| 瓜灣土瓜灣道 273 號地下 | 131 |
| 龍城衙前圍道 47 號地下 C 單位 | 386 |
| 沙咀寶勒巷 1 號玫瑰大廈地下 A 及 B 號舖 | 169 |
| 沙咀科學館道 14 號新文華中心地下 50-53&55 舖 | 209 |
| 沙咀尖東站 3 號舖 | 269 |
| 敦佐敦道 34 號道興樓地下 | 451 |
| 敦地鐵站 JOR10 及 11 號舖 | 297 |
| 敦寶靈街 20 號寶靈大樓地下 A，B 及 C 鋪 | 303 |

| 九龍區（續） | 店鋪代號 |
|---|---|
| 佐敦佐敦道 9-11 號高基大廈地下 4 號舖 | 438 |
| 油麻地文明里 4-6 號地下 2 號舖 | 316 |
| 油麻地上海街 433 號興華中心地下 6 號舖 | 417 |
| 旺角水渠道 22,24,28 號安豪樓地下 A 舖 | 177 |
| 旺角西海泓道富榮花園地下 32-33 號舖 | 182 |
| 旺角弼街 43 號地下及閣樓 | 208 |
| 旺角亞皆老街 88 至 96 號利豐大樓地下 C 舖 | 245 |
| 旺角登打士街 43P-43S 號鴻輝大廈地下 8 號舖 | 343 |
| 旺角洗衣街 92 號地下 | 419 |
| 旺角豉油街 15 號萬利商業大廈地下 1 號舖 | 446 |
| 太子道西 96-100 號地下 C 及 D 舖 | 268 |
| 石硤尾南山邨南山商場大廈地下 | 098 |
| 樂富中心 LG6( 橫頭磡南路 ) | 027 |
| 樂富港鐵站 LOF6 號舖 | 409 |
| 新蒲崗寧遠街 10-20 號渣打銀行大廈地下 E 號 | 353 |
| 黃大仙盈福苑停車場大樓地下 1 號舖 | 181 |
| 黃大仙竹園邨竹園商場 11 號舖 | 081 |
| 黃大仙龍蟠苑龍蟠商場中心 101 號舖 | 100 |
| 黃大仙地鐵站 WTS 12 號舖 | 274 |
| 慈雲山慈正邨慈正商場 1 平台 1 號舖 | 140 |
| 慈雲山慈正邨慈正商場 2 期地下 2 號舖 | 183 |
| 鑽石山富山邨富信樓 3C 地下 | 012 |
| 彩虹地鐵站 CHH18 及 19 號舖 | 259 |
| 彩虹村金碧樓地下 | 097 |
| 九龍灣德福商場 1 期 P40 號舖 | 198 |
| 九龍灣宏開道 18 號德福大廈 1 樓 3C 舖 | 215 |
| 九龍灣常悅道 13 號瑞興中心地下 A | 395 |
| 牛頭角淘大花園第一期商場 27-30 號 | 026 |
| 牛頭角彩德商場地下 G04 號舖 | 428 |
| 牛頭角彩盈邨彩盈坊 3 號舖 | 366 |
| 觀塘翠屏商場地下 6 號舖 | 078 |
| 觀塘秀茂坪十五期停車場大廈地下 1 號舖 | 191 |
| 觀塘協和街 101 號地下 H 鋪 | 242 |
| 觀塘秀茂坪寶達邨寶達商場二樓 205 號舖 | 218 |
| 觀塘物華街 19-29 號 | 575 |
| 觀塘牛頭角道 305-325 及 325A 號觀塘立成大廈地下 K 號 | 399 |
| 藍田茶果嶺道 93 號麗港城中城地下 25 及 26B 號舖 | 338 |
| 藍田匯景道 8 號匯景花園 2D 舖 | 385 |
| 油塘高俊苑停車場大廈 1 號舖 | 128 |
| 油塘邨鯉魚門廣場地下 1 號舖 | 231 |
| 油塘油麗商場 7 號舖 | 430 |
| **新界區** | **店鋪代號** |
| 屯門友愛村 H.A.N.D.S 商場地下 S114-S115 號 | 016 |
| 屯門置樂花園商場地下 129 號 | 114 |
| 新界屯門大興街 1 號大興商場地下 L106 號舖 | 526 |
| 屯門山景邨商場 122 號地下 | 050 |
| 屯門美樂花園商場 81-82 號地下 | 051 |
| 屯門青翠徑南光樓高層地下 D | 069 |
| 屯門建生邨商場 102 號舖 | 083 |
| 屯門翠寧花園地下 12-13 號舖 | 104 |
| 屯門悅湖商場 53-57 及 81-85 號舖 | 109 |
| 屯門寶怡花園 23-23A 舖地下 | 111 |
| 屯門富泰商場地下 6 號舖 | 187 |
| 屯門屯利街 1 號華都花園第三層 2B-03 號舖 | 236 |
| 屯門海珠路 2 號海典軒地下 16-17 號舖 | 279 |
| 屯門啟發徑，德政圍，柏苑地下 2 號舖 | 292 |
| 屯門龍門路 45 號富健花園地下 87 號舖 | 299 |
| 屯門寶田商場地下 6 號舖 | 324 |
| 屯門良景商場 114 號舖 | 329 |
| 屯門蝴蝶村熟食市場 13-16 號 | 033 |
| 屯門兆康苑商場中心店號 104 | 060 |
| 天水圍天恩商場 109 及 110 號舖 | 288 |
| 天水圍天瑞路 9 號天瑞商場地下 L026 號舖 | 437 |
| 天水圍 Town Lot 28 號俊宏軒俊宏廣場地下 L30 號舖 | 337 |
| 元朗朗屏邨玉屏樓地下 1 號 | 023 |
| 元朗朗屏邨鏡屏樓 M009 號舖 | 330 |
| 元朗水邊圍邨康水樓地下 103-5 號 | 014 |
| 元朗谷亭街 1 號傑文樓地舖 | 105 |

| 新界區（續） | 店鋪代號 |
|---|---|
| 元朗大棠路 11 號光華廣場地下 4 號舖 | 214 |
| 元朗青山道 218, 222 & 226-230 號富興大邨地下 A 舖 | 285 |
| 元朗又新街 7-25 號元新大廈地下 4 號及 11 號舖 | 325 |
| 元朗青山公路 49-63 號金豪大廈地下 E 號舖及閣樓 | 414 |
| 元朗青山公路 99-109 號元朗貿易中心地下 7 號舖 | 421 |
| 荃灣大窩口村商場 C9-10 號 | 037 |
| 荃灣中心第一期高層平台 C8,C10,C12 | 067 |
| 荃灣麗城花園第三期麗城商場地下 2 號 | 089 |
| 荃灣海壩街 18 號 ( 近福來村 ) | 095 |
| 荃灣圓墩圍 59-61 號地下 A 舖 | 152 |
| 荃灣梨木樹村梨木樹商場 LG1 號舖 | 265 |
| 荃灣梨木樹村梨木樹商場 1 樓 102 號舖 | 266 |
| 荃灣德海街富利達中心地下 E 號舖 | 313 |
| 荃灣鹹田街 61 至 75 號石壁新村遊樂場 C 座地下 C6 號舖 | 356 |
| 荃灣青山道 185-187 號荃勝大廈地下 A2 鋪 | 194 |
| 青衣港鐵站 TSY 306 號舖 | 402 |
| 青衣村一期停車場地下 6 號舖 | 064 |
| 青衣青華苑停車場地下舖 | 294 |
| 葵涌安蔭商場 1 號舖 | 107 |
| 葵涌石蔭東邨蔭興樓 1 及 2 號舖 | 143 |
| 葵涌邨第一期秋葵樓地下 6 號舖 | 156 |
| 葵涌盛芳街 15 號運芳樓地下 2 號舖 | 186 |
| 葵涌景荔徑 8 號盈暉家居城地下 G-04 號舖 | 219 |
| 葵涌貨櫃碼頭亞洲貨運大廈第三期 A 座 7 樓 | 116 |
| 葵涌華星街 1 至 7 號美華工業大廈地下 | 403 |
| 上水彩園邨彩華樓 301-2 號 | 018 |
| 粉嶺名都商場 2 樓 39A 號舖 | 275 |
| 粉嶺嘉福邨商場中心 6 號舖 | 127 |
| 粉嶺欣盛苑停車場大廈地下 1 號舖 | 278 |
| 粉嶺清河邨商場 46 號舖 | 341 |
| 大埔富亨邨富亨商場中心 23-24 號舖 | 084 |
| 大埔運頭塘邨商場 1 號店 | 086 |
| 大埔安邦路 9 號大埔超級城 E 區三樓 355A 號舖 | 255 |
| 大埔南運路 1-7 號富雅花園地下 4 號舖，10B-D 號舖 | 427 |
| 大埔墟大榮里 26 號地下 | 007 |
| 大圍火車站大堂 30 號舖 | 260 |
| 火炭禾寮坑路 2-16 號安盛工業大廈地下部份 B 地廠單位 | 276 |
| 沙田穗禾苑商場中心地下 G6 號 | 015 |
| 沙田乙明邨明耀樓地下 7-9 號 | 024 |
| 沙田新翠邨商場地下 6 號 | 035 |
| 沙田田心街 10-18 號雲疊花園地下 10A-C,19A | 119 |
| 沙田小瀝源安平街 2 號利豐中心地下 | 211 |
| 沙田愉翠商場 1 樓 108 舖 | 221 |
| 沙田美田商場地下 1 號舖 | 310 |
| 沙田第一城中心 G1 號舖 | 233 |
| 馬鞍山耀安邨耀安商場店號 116 | 070 |
| 馬鞍山錦英苑商場中心低層地下 2 號 | 087 |
| 馬鞍山富安花園商場中心 22 號 | 048 |
| 馬鞍山頌安邨頌安商場 1 號舖 | 147 |
| 馬鞍山錦泰苑錦泰商場地下 2 號舖 | 179 |
| 馬鞍山烏溪沙火車站大堂 2 號舖 | 271 |
| 西貢海傍廣場金寶大廈地下 12 號舖 | 168 |
| 西貢西貢大廈地下 23 號舖 | 283 |
| 將軍澳翠琳購物中心店號 105 | 045 |
| 將軍澳欣明苑停車場大廈地下 1 號 | 076 |
| 將軍澳寶琳邨寶勤樓 110-2 號 | 055 |
| 將軍澳新都城中心三期都會豪庭商場 2 樓 209 號舖 | 280 |
| 將軍澳景林邨商場中心 6 號舖 | 502 |
| 將軍澳厚德邨商場 ( 西翼 ) 地下 G11 及 G12 號舖 | 352 |
| 將軍澳寶寧路 25 號富寧花園商場地下 10 及 11A 號舖 | 418 |
| 將軍澳明德邨明德商場 19 號舖 | 145 |
| 將軍澳尚德邨尚德商場地下 8 號舖 | 159 |
| 將軍澳唐德街將軍澳中心地下 B04 號舖 | 223 |
| 將軍澳彩明商場擴展部份二樓 244 號舖 | 251 |
| 將軍澳景嶺路 8 號都會駅商場地下 16 號舖 | 345 |
| 大嶼山東涌健東路 1 號映灣園映灣坊地面 1 號舖 | 295 |
| 長洲新興街 107 號地下 | 326 |
| 長洲海傍街 34-5 號地下及閣樓 | 065 |

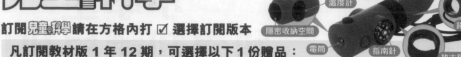

兒童的科學 NO.227

請貼上
HK$2.2郵票
只供香港
讀者使用

香港柴灣祥利街9號
祥利工業大廈2樓A室
兒童的科學 編輯部收

有科學疑問或有意見、
想參加開心禮物屋，
請填妥問卷，寄給我們！

大家可用
電子問卷方式遞交

▼請沿虛線向內摺

請在空格內「✔」出你的選擇。

我購買的版本為：01☐實踐教材版 02☐普通版

*給編輯部的話

*我的科學疑難/我的天文問題：

*開心禮物屋：我選擇的禮物編號 ☐

*本刊有機會刊登上述內容以及填寫者的姓名。

有關今期內容

**Q1：今期主題：「製作彈彈球看數理化學知識」**

03☐非常喜歡 04☐喜歡 05☐一般 06☐不喜歡 07☐非常不喜歡

**Q2：今期教材：「幻彩彈彈球」**

08☐非常喜歡 09☐喜歡 10☐一般 11☐不喜歡 12☐非常不喜歡

**Q3：你覺得今期「幻彩彈彈球」容易製作嗎？**

13☐很容易 14☐容易 15☐一般 16☐困難

17☐很困難（困難之處：______________） 18☐沒有教材

**Q4：你有做今期的勞作和實驗嗎？**

19☐陀螺組裝師 20☐實驗1：簡易鐘擺製作 21☐實驗2：不旋轉的鐘擺

請沿實線剪下

請沿實線剪下

問　卷

請以膠水封口

請以膠水封口

## 讀者檔案

#必須提供

| #姓名： | 男 女 | 年齡： | 班級： |
|---|---|---|---|
| 就讀學校： | | | |
| #居住地址： | | | |
| | #聯絡電話： | | |

你是否同意，本公司將你上述個人資料，只限用作傳送《兒童的科學》及本公司其他書刊資料給你？（請刪去不適用者）

同意/不同意 簽署：________________ 日期：________年_____月_____日

（有關詳情請查看封底裏之「收集個人資料聲明」）

## 讀者意見

A 科學實踐專輯：熱血彈彈球競技賽
B 海豚哥哥自然教室：紅頭美洲鷲
C 科學DIY：陀螺組裝師
D 科學實驗室：古老大鐘搬家之旅
E 讀者天地
F 大偵探福爾摩斯科學鬥智短篇：猩仔神探(2)
G 現場報道：第十屆香港國際學生創新發明大賽總評暨頒獎典禮
H 成語科學對對碰：運籌帷幄
I 天文教室：冬季星空多姿彩
J 地球揭秘：天空的倒影：烏尤尼鹽湖
K 人體趣談：死皮有罪？
L 科學快訊：北方白犀牛的最後希望？
M 數學偵緝室：失火記
N 活動資訊站
O 曹博士信箱：洗髮露和沐浴露有甚麼不同？
P 科學Q&A：傳說怪物大匯集(上)

**Q5. 你最喜愛的專欄：** *請以英文代號回答**Q5**至**Q7**

第 1 位 22________ 第 2 位 23________ 第 3 位 24________

**Q6. 你最不感興趣的專欄：** 25________ 原因：26________

**Q7. 你最看不明白的專欄：** 27________ 不明白之處：28________

**Q8. 你從何處購買今期《兒童的科學》？**

29☐訂閱 30☐書店 31☐報攤 32☐便利店 33☐網上書店
34☐其他：________

**Q9. 你有瀏覽過我們網上書店的網頁www.rightman.net嗎？**

35☐有 36☐沒有

**Q10. 你較常使用以下哪種手機應用程式？(可選多項)**

37☐Facebook 38☐Instagram (IG) 39☐X (舊稱Twitter) 40☐YouTube
41☐TikTok 42☐小紅書 43☐其他：________

**Q11. 你通常利用以上的應用程式觀看甚麼類型的影片？(可選多項)**

44☐科學實驗 45☐生物觀察 46☐天文探索 47☐地理考古發掘 48☐文化探究
49☐電影/劇集 50☐搞笑短片 51☐動畫 52☐其他：________

**Q12. 你每天平均花多少時間，利用以上應用程式觀看影片？**

53☐1小時以下 54☐1-2小時 55☐2-3小時 56☐3小時以上